燃煤电厂

污泥掺烧技术

李德波　王明传　丁艳　倪煜　阚伟民　宋景慧　编著

中国电力出版社
CHINA ELECTRIC POWER PRESS

内 容 提 要

本书主要包括燃煤电厂污泥掺烧技术背景，典型污泥与煤掺混燃烧特性，污泥/煤混样灰熔融及结渣特性，污泥掺烧安全、环保技术研究，不同污泥掺混比例下数值模拟，污泥成分分析及烟气监测环保标准，燃煤耦合污泥掺烧现场优化试验，污泥掺烧干化系统现场技术改造等方面的内容，系统总结了燃煤耦合污泥发电领域的最新研究成果。

本书适用于从事燃煤耦合污泥发电技术研究和工程实践相关工作的管理、技术人员阅读研究。

图书在版编目（CIP）数据

燃煤电厂污泥掺烧技术/李德波等编著.—北京：中国电力出版社，2024.3

ISBN 978-7-5198-8251-8

Ⅰ.①燃…　Ⅱ.①李…　Ⅲ.①燃煤发电厂－污泥处理－焚烧处置　Ⅳ.①X773.031

中国国家版本馆 CIP 数据核字（2023）第 211066 号

出版发行：中国电力出版社
地　　址：北京市东城区北京站西街 19 号（邮政编码 100005）
网　　址：http://www.cepp.sgcc.com.cn
责任编辑：赵鸣志
责任校对：黄　蓓　李　楠
装帧设计：郝晓燕
责任印制：吴　迪

印　　刷：三河市万龙印装有限公司
版　　次：2024 年 3 月第一版
印　　次：2024 年 3 月北京第一次印刷
开　　本：787 毫米×1092 毫米　16 开本
印　　张：9
字　　数：188 千字
印　　数：0001—1000 册
定　　价：68.00 元

前言

2020年9月22日，国家主席习近平在第七十五届联合国大会一般性辩论上发表重要讲话指出：二氧化碳排放力争于2030年前达到峰值，努力争取2060年前实现碳中和。我国燃煤电厂面临CO_2减排的巨大压力。2018年国家能源局和生态环境部已经发文关于燃煤耦合生物质发电技术改造试点项目建设的通知。

本书作者长期在科研和生产一线从事燃煤耦合污泥掺烧技术研究与大规模工程应用。为了系统总结团队在污泥掺烧发电最新研究成果，本书主要从燃煤电厂污泥掺烧技术背景，典型污泥与煤掺混燃烧特性，污泥/煤混样灰熔融及结渣特性，污泥掺烧安全、环保技术研究，不同污泥掺混比例下数值模拟，污泥成分分析及烟气监测环保标准，燃煤耦合污泥掺烧现场优化试验，污泥掺烧干化系统现场技术改造等方面展开，系统总结本团队在燃煤耦合污泥发电最新研究成果。同时本书还引用了国内外专家学者在燃煤耦合污泥掺烧发电相关技术成果，得到了煤燃烧国家重点实验室、能源清洁利用国家重点实验室等大力支持和帮助，在此表示衷心的感谢。

本书提供现场一线技术成果，可以为从事燃煤耦合污泥发电科研和一线人员提供指导，同时可以为高等院校、科研院所提供一手污泥掺烧最新研究成果。本书的出版希望对推动我国燃煤耦合污泥发电有借鉴意义。由于时间仓促，作者团队水平有限，书中难免有错误，希望大家批评指正。

编　者

2023年12月

目录

第 1 章　燃煤电厂污泥掺烧技术背景

1.1　污泥处置产业发展现状

近年来，随着人口、经济的增长，市政污水设施的建设和完善，污水收集率的不断提升，我国大城市市政污泥产生量呈现每年快速增长的态势。但是，由于历史原因，污泥处理处置存在着处理方式单一、资源化利用率低下、无害化处理设施匮乏等问题。现在每天运往处置设施的污泥量已大大超过下游污泥处理处置设施的承受能力，很快污泥将面临无地可置的窘境。因此，污泥处理处置是我国迫在眉睫和必须解决的难题。

自 2009 年以来，我国生态环境部、住房和城乡建设部以及科技部等部委，纷纷颁布了《污泥处理处置及污染防治技术政策》《污泥处理处置污染防治最佳可行技术指南》以及《城镇污水厂污泥处理处置技术规范》等多项污泥处理处置的相关政策、规范及标准。这些文件明确了污泥焚烧技术在我国的定位及应用条件。其中，《污泥处理处置及污染防治技术政策》（2009 年）明确提出：经济较为发达的大中城市，可采用污泥焚烧工艺。鼓励污泥焚烧厂与垃圾焚烧厂合建；在有条件的地区，鼓励污泥作为低质燃料在火力发电厂焚烧炉、水泥窑或砖窑中混合焚烧。《“十三五”全国城镇污水处理及再生利用设施建设规划》针对污泥无害化处置提出了较高要求，到 2020 年底，地级及以上城市污泥无害化处置率达到 90%，其他城市达到 75%；县城达到 60%。

近年来，随着城市化进程的加快，我国城市污水处理量不断提高，污泥的产量也呈现出逐年增长的趋势，但我国“重水轻泥”的现象一直存在，污泥的无害化处置率依然很低。

污泥无害化处置率不足 45%。根据住房和城乡建设部数据，截至 2017 年底，全国城镇累计建成运行污水处理厂 4119 座，污水处理能力达 1.82 亿 m^3/日。根据 E20 研究院发布的报告测算，2017 年，污泥（80%含水率）产量 4328 万 t/年，日产 11.86 万 t。预计到 2020 年，我国湿污泥（80%含水率）年产生量可达 5075 万 t，日产生湿污泥（80%含水率）量达到 13.90 万 t。污泥快速增长的同时，却面临处理处置能力的不足。根据

E20研究院的数据，“十二五”末，我国城镇污泥无害化处理率仅为31%～35%，不到“十二五”所设定的无害化处理率目标70%～80%的一半；“十三五”“水十条”再定下75%～90%无害化处理处置率目标，时间行至一半，目标依然相差甚远。2017年底，我国污泥无害化处置率的目标完成率不足45%。处理能力的不匹配，处置路线不畅通导致大量的污泥还没有被妥善处理处置。

近二十年来，我国的污泥处理技术有了较大的进步，但是研究不够深入，尚未形成统一的评价标准，在技术方案的选择上缺乏参考。目前我国污泥标准包括《农用污泥中污染物控制标准》《城镇污水处理厂污染物排放标准》《城镇污水处理厂污泥泥质》《城镇污水处理厂污泥处置分类》等，规定城镇污水处理厂的污泥必须进行稳定化处理，污泥含水率小于80%，常用的污泥稳定工艺有厌氧消化、好氧消化、污泥堆肥、碱法稳定和干化等，各工艺都有其优缺点和适用范围，工艺的选择存在争议。

我国污泥处理方式主要有填埋、堆肥、自然干化、焚烧等方式，所占比分别为65%、15%、6%、3%。污泥处理方式仍以填埋为主，加上我国城镇污水处理企业处置能力不足、处置手段落后，大量污泥没有得到规范化的处理，直接造成了“二次污染”，对生态环境掺烧严重威胁。

2017年11月27日，国家能源局、生态环境部联合下文《国家能源局 环境保护部关于燃煤耦合生物质发电技改试点工作的通知》（国能发电力〔2017〕75号），鼓励各地依托现役发电机组清洁高效的优势与污染物集中处理措施，构筑环保平台，破解污泥围城等社会难题。2018年6月26日，国家能源局、生态环境部联合下文《国家能源局 生态环境部关于燃煤耦合生物质发电技改试点项目建设的通知》（国能发电力〔2018〕53号），如图1-1所示，确定技术改造项目共计84个，污泥耦合试点42个单位。《关于推进燃煤与生物质耦合发电指导意见文件》示意图如图1-2所示。

E20研究院数据显示（如图1-3所示），当前全国污水处理厂产生的污泥，50%以上以卫生填埋的方法进行了处理处置，15%的污泥进行了土地利用，6%的污泥以焚烧的方式进行处理，8%的污泥经处理处置后进行了建筑材料利用，约18%的污泥去向不明（注：之所以说18%的污泥不知去向，是因为在调研时，此部分污泥产生量的单位在处置方式上选择了其他处置方式的污水处理厂，很大程度上是对污泥进行了不当处置，去向不明）。一半以上的含水率80%的湿污泥采用了填埋的简易处置方式，这种方式是一种过渡性措施，二次污染的风险严重，而且，目前很多地方已经无地可埋。

作为生活污水处理的衍生品，近年来污泥产量不断攀升。据估算，大约1万t生活污水可产生5～8t市政污泥。如何妥善处理处置这些市政污泥，已成为建设完整城市污水处理厂，提高技术水平和管理水平的重要因素。

污泥处理“十三五”规划目标中提到，“十三五”期间应坚持无害化原则，结合各地经济社会发展水平，因地制宜选用成熟可靠的污泥处理处置技术，鼓励采用能源化、资源化技术手段，尽可能回收利用污泥中的能源和资源。污泥焚烧作为一项比较彻底解决

国家能源局
生态环境部 文件

国能发电力〔2018〕53号

国家能源局 生态环境部关于燃煤耦合生物质发电技改试点项目建设的通知

黑龙江省、吉林省、辽宁省、天津市、河北省、山西省、上海市、江苏省、浙江省、安徽省、福建省、山东省、河南省、湖北省、湖南省、广东省、广西自治区、重庆市、四川省、贵州省、陕西省、甘肃省、宁夏自治区发展改革委（能源局）、经信委（工信委、工信厅）、生态环境厅（局），国家电网、南方电网公司、华能、大唐、华电、国电投、国家能源、华润集团公司、国投公司，电力规划设计总院（国家电力规划研究中心），清华大学、浙江大学、南京林业大学：

为深入贯彻落实习近平新时代中国特色社会主义思想和党的

— 1 —

图 1-1　国家能源局 生态环境部关于燃煤耦合生物质发电技改试点项目建设的通知

城市污泥的处理技术，具有减容、减重率高，处理速度快，无害化较彻底，余热可用于发电或供热等优点，符合污泥“减量化、无害化、资源化”的要求。以上海为例，在中心城区推动污泥独立干化焚烧项目的同时，在郊区积极实践生活垃圾炉排炉协同焚烧污泥，协同焚烧技术已被列入上海解决污泥难题的日程表，并得到成功有序地推进。

总体来讲，我国污泥处置存在的主要问题：

（1）行业发展水平较低。由于我国污泥处置起步较晚，虽然经历一段时期的发展，但与发达国家相比仍旧落后，最主要核心处理技术匮乏，没有考虑国内基本情况，甚至生搬硬套国外技术。而且不少处理设备陈旧落后，效果与效率都很差，大大掣肘了我国污泥处理的进度。

数据显示，目前我国污泥处理方式主要有填埋、堆肥、自然干化、焚烧等方式，这四种处理方法的占比分别为 65%、15%、6%、3%。可以看出我国污泥处理方式仍以填埋为主，加之我国城镇污水处理企业处置能力不足、处置手段落后，大量污泥没有得到规范化的处理，直接造成了“二次污染”，对生态环境产生严重威胁。

（2）污泥处理率偏低。过去很长一段时期内，我国大多数污水处理厂重视污水而轻视污泥，污水得以处理后，超过 80%的污泥被随意倾倒排放，污染良田和土壤。国家统

国家发展和改革委员会
国家能源局
财政部
环境保护部
住房和城乡建设部
农业部
国家税务总局

关于推进燃煤与生物质耦合发电的指导意见

（征求意见稿）

为落实十八届五中全会坚持绿色发展，全面节约和高效利用资源，建设清洁低碳、安全高效的现代能源体系的要求，提升非化石能源消费比重和化石能源替代比例，推进大气、水和土壤污染防治，促进农林废弃残余物（含水稻、小麦、玉米、棉花、高粱、豆类、薯类、油料作物等农作物秸秆和农林产品加工剩余物）、污泥（含水体和污水处理过程所产生的沉淀物质）等生物质资源化利用，发挥清洁高效煤电污染物集中治理的平台优势，科学规范推进燃煤与生物质耦合发电（以下简称“生物质耦合发电”），现提出以下意见：

1

图 1-2 关于推进燃煤与生物质耦合发电指导意见文件

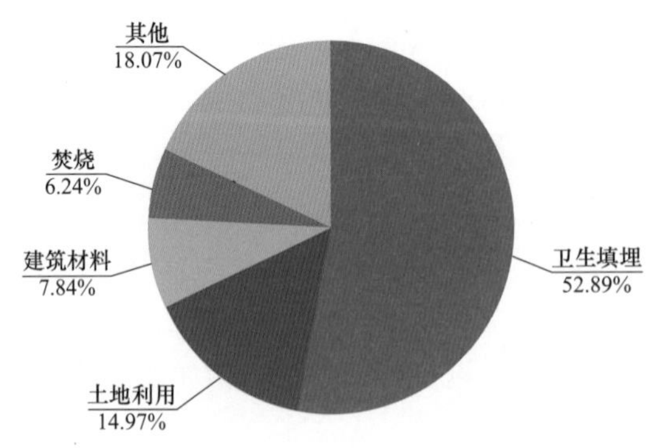

图 1-3 污泥处置方式占比图（数据来源：E20 研究院）

计数据则显示，卫生填埋、制肥、焚烧、建材等无害化处理的污泥不到 60%，有近 50% 的污泥没能做到无害化处理。巨量化的污泥已经对生态环境造成了巨大压力，一度出现“污泥围城”的境况。污泥富集了污水中的污染物，含有大量的氮、磷等营养物质以及有机物、病毒微生物、寄生虫卵、重金属等有毒有害物质，不经有效处理处置，将对环境产生严重的危害。

(3) 监管体系不健全。污水处理厂污泥具有一定的危害性，处置不当会产生二次污染，因此，对于污水处理厂的污泥处置从污泥的产生、运输、无害化处置等各个环节均应建立相应的监管体系，确保每一个环节的责任主体纳入监管范围内。但从现状来看，普遍存在“重水轻泥”现象，尤其是污泥的处置监管体系不够完善，缺少系统性规划，城市的总体规划中缺少污泥处置内容，导致污泥处理的管理水平滞后。

1.2　燃煤耦合污泥掺烧技术现状

国内一些研究者开展了燃煤电厂污泥掺烧研究工作。污泥焚烧最具应用前景的技术发展路线有两条：一是将污泥干化后利用流化床焚烧炉进行单独焚烧；二是将污泥干化后在电站锅炉上进行掺烧。当依托电站锅炉掺烧污泥时，通常采用蒸汽干化系统，可以减少对现有系统的改造，获得较高的热效率；对于采用高温炉烟干燥的褐煤发电机组，可以充分利用现有褐煤干燥系统对污泥进行高温烟气干化。当新建独立的污泥焚烧厂时，采用蒸汽干化与流化床锅炉相结合的方式可以减少辅助燃料的消耗，有利于重金属等污染物排放总量的控制。

张一帆[1] 等进行了城市污泥焚烧过程中 Pb、Cd 迁移特性的研究。蒋志坚[2] 等进行了城市污泥流化床焚烧炉飞灰中重金属迁移特性的研究，研究结果表明：Cd、As 为易挥发性重金属，在炉膛内挥发的 Cd、As 及其化合物蒸汽在 503℃和 475℃时几乎全部富集于飞灰颗粒；Cr、Mn、Cu、Zn 主要通过夹带富集于飞灰颗粒，为难挥发性重金属。

闻哲[3] 等进行了城镇污泥干化焚烧处置技术与工艺简介研究。研究者介绍了污泥的基本特性，对直接热干化、间接热干化、直接-间接联合热干化技术的工作原理和优缺点进行了比较分析。研究结果表明，污泥干化焚烧技术类型多样，采用烟气或者蒸汽对污泥进行干化都是可行的，将污泥干化后利用流化床焚烧炉进行单独焚烧或者在电站锅炉上进行掺烧是最具有前景的技术路线，而污泥输送、高效干化技术与设备开发及厂区臭气治理等是有待进一步研究的问题。

曹通[4,5] 等开展了煤粉炉协同处置工业污泥现场试验研究。研究者利用热电厂煤粉炉小比例掺烧工业污泥现场试验，对掺烧后炉膛温度、飞灰含碳量、锅炉效率等参数的变化，以及 NO_x、SO_2、二噁英等主要污染物进行了现场测量，研究表明，随着污泥掺烧比例的增加，炉膛温度降低，飞灰含碳量增加，飞灰和炉渣中重金属含量增加。徐齐胜[6] 等进行了燃煤电站工业污泥掺烧技术的全生命周期费用分析。

朱天宇[7] 等进行了涡耗散模型和混合分数模型模拟锅炉煤粉掺烧污泥过程的适应性研究。研究者分别采用输运涡好散模型（EDM）和混合分数 PDF 模型，对一台 100MW 四角切圆锅炉燃烧煤粉和掺烧污泥时，炉内流动、燃烧和污染物 NO_x 排放数值模拟研究。研究结果表明：两种模型均能较好地模拟单煤燃烧时炉膛内温度场和速度场；模拟烟气组分 O_2 和 CO_2 体积分数接近，均符合实际情况；EDEM 方法能较好地模拟水分吸热对炉膛燃烧的影响，在锅炉掺烧不同含水率污泥的燃烧数值模拟方面相比 PDF 模型更加合理。

张成[8] 等对一台 100MW 四角切圆燃煤锅炉燃烧煤粉和掺烧污泥时，流动、燃烧和污染物排放特性的数值模拟研究。研究结果表明：增加污泥掺烧比例小于 20%时，锅炉燃烧特性与污染物 NO_x 排放特性与单煤燃烧差异较小；当掺烧比例大于 20%时，污泥的燃烧特性显著影响整体燃料特性。

袁言言[9] 等利用 Aspen plus 软件开展了污泥焚烧能量利用与污染物排放特性的研究。盛洪产[10] 等进行了循环流化床燃煤锅炉掺烧造纸污泥的运行特性分析。研究者对一台 130t/h 循环流化床锅炉进行热力平衡计算和烟风阻力计算，研究了不同污泥掺烧质量分数对锅炉运行特性的影响，研究表明：随着污泥掺烧质量分数的增大，炉膛出口烟气温度下降，排烟温度升高，锅炉效率降低，入炉干化污泥量大幅增加，而入炉煤量有减少，烟气量和灰量增加，过热器减温水显著增加，一次风空气侧阻力，二次风空气侧阻力和烟气侧阻力均增大。

葛江[11] 等进行了烟煤与污泥混烧过程中重金属 As、Zn 和 Cr 的迁移规律和灰渣的浸出特性。

殷立宝[6] 等开展了四角切圆燃煤锅炉掺烧印染污泥燃烧与 NO_x 排放特性的数值模拟研究。研究者采用 ANSYS FLUENT 软件对四角切圆燃煤锅炉掺烧不同质量分数和不同含水率印染污泥燃烧特性和污染物排放特性进行了数值模拟。研究结果表明，随着印染污泥掺烧质量分数的提高，炉膛整体温度有下降；当含水率升高时，炉膛整体温度水平下降；研究者结合炉膛燃烧和 NO_x 排放，推荐掺烧质量分数和含水率分别为 10%和 40%的印染污泥是可行的。

刘蕴芳[12] 等进行了煤粉炉掺烧干化污泥的污染物排放特性研究。张成等开展了 100MW 燃煤锅炉污泥掺烧试验与数值模拟研究。研究结果表明：在相同掺烧比例的情况下，降低污泥含水率，NO_x 排放有所增加；掺烧比例小于 20%时，锅炉燃烧特性与污染物排放 NO_x 与单煤燃烧差异较小；当掺烧比例大于 20%时，锅炉燃烧效果变差，NO_x 排放大幅度上升。

朱天宇[7] 等开展了掺烧不同种类污泥锅炉的燃烧特性的研究。研究者以 420t/h 四角切圆燃煤锅炉进行了单煤燃烧和两种污泥在不同含水率的质量配比下的掺烧数值模拟研究。研究结果表明：采用涡耗散模型（EDM）能够比较好地模拟污泥配比和含水率对锅炉燃烧及污染物排放特性的影响。魏砾宏[13] 等进行了污泥与煤混烧灰的结渣特性以及矿物质转变规律的研究。研究结果表明，污泥和煤掺烧比例为 20%时，炉内温度达到 1100℃，会引起轻微结渣；达到 1200℃时，会引起严重结渣。

李峰[14] 等进行了塔式锅炉产生含水率 60%污泥耦合发电技术现场试验研究。研究者提出了可掺烧含水率达 60%的污泥耦合发电技术，可以直接处理污水处理厂污泥，无须蒸汽干化，降低投资，大幅度减少污泥处置成本。陈大元[15] 等进行了燃煤机组耦合

污泥发电技术综述性研究。针对我国大量城镇污泥处理面临的难题，研究者分析了污泥干化技术及干花污泥煤质指标，介绍了污泥直接掺烧、烟气直接干化污泥和蒸汽间接干化污泥耦合发电三种燃煤机组耦合污泥发电工艺。

方立军[16] 等进行城市污泥燃烧特性的热重试验研究。

陈翀[17] 等进行了 300MW 燃煤锅炉协同处置干化污泥的现场试验研究。研究者通过在 300MW 燃煤锅炉中进行不掺烧污泥与掺烧不同比例污泥的试验，研究了掺烧污泥对燃煤烟气中 HCl、SO_2 和 NO_x 等排放指标的影响，同时研究了掺烧污泥后烟气及飞灰中重金属分布和二噁英浓度变化的情况，研究者还进行了结渣、沾污、热值、水分和经济性等方面对掺烧进行理论分析。

吴浪[18] 等进行了掺烧污泥对电厂锅炉影响的研究。研究者提出了如下几个关键技术问题：

（1）确定合适的污泥含水率，含水率过高会导致污泥热值过低，影响燃料性能。针对不同的掺混原煤的性质，要及时地变更掺烧比例。

（2）降低污泥焚烧后有害气体对环境的影响，同时避免二噁英的生成也是很重要的任务。

（3）对掺烧过程中重金属迁移的关注。了解重金属在燃烧过程中的迁移情况，对富集重金属的飞灰和炉渣，要进行跟踪处理，坚决不能出现将电厂富集重金属的灰渣随意填埋或者被用作建筑材料的情况。

（4）通过实际的掺烧试验，针对锅炉安全运行明确操作规范。

刘永付[13] 等进行了大型燃煤电站锅炉协同处置污泥的现场试验研究。余维维[20] 等进行了电厂污泥掺烧过程中元素迁移特性的研究。研究者采用 X 射线荧光光谱仪对厦门某污泥掺烧燃煤电厂掺烧如炉煤、污泥、飞灰和底灰四种固体样品中的元素进行测量。研究结果表明：由于污泥中元素含量较普通燃煤高，导致污泥掺烧电厂飞灰及底灰中的元素含量普遍高于普通燃煤电厂。

刘韵芳[21] 等进行了煤粉炉掺烧干化污泥的污染物排放特性的研究。研究结果表明：在实验室配比和燃烧的条件下，大部分重金属元素 Pb、Cu、Cr、Ni 残留在灰渣中，Zn、Cd 部分残留阻塞灰渣中，As、Hg 和 Se 等易挥发元素释放到烟气中。刘政艳[22] 等进行了燃煤电厂掺烧市政污泥大气污染物分析。

马鸿良[23] 等进行了燃煤锅炉机组掺烧城市污泥的工艺技术研究。提出了如下重点工艺技术路线：

（1）用于掺烧机组的适用性问题。城市污水处理厂多建于郊区，污泥不宜进行长途运输。一方面，含水污泥的运输多是对其中含有水分做的无用功，造成对运力的大量浪费；另一方面，运输过程中可能造成污泥泄漏，恶臭气体散发等技术问题，危害城市居民生活环境。

（2）干化车间选址问题。运输湿污泥的车辆一般为大中型的翻斗车；车间宜距离热源近，减少能源在输送过程中的损耗；干污泥一般采用机械输送的方式输入机组的输煤系统，最终输入原煤仓。

（3）干燥热源的选择。污泥干化按照加热方式可以分为直接加热和间接加热，直接加热是将高温烟气直接引入干燥机，通过热烟气与湿物料的直接接触换热，热效率较高，但需要处理的废气量很大；间接加热介质一般采用蒸汽、导热油等，在一个封闭的环路中循环，与污泥没有接触，存在较小热损失，产生的废气量小。

采用蒸汽为热源进行干化，最终产生的废气量较小，但是以污泥中蒸发出的水蒸气为主要成分，并夹杂有部分粉尘，这种废气需要由一定量的空气或者烟气携带排出，否则在干燥机内和管道中极易发生堵塞、粉尘黏结等问题。

（4）与输煤系统的配合。污泥干化后收集下来呈现颗粒状，通过输送设备送入炉前煤仓。干污泥输送可以采用机械输送或者气力输送的方式。如果采用气力输送，为了安全，输送气体应采用惰性气体，而且煤仓也需要进行排气和除尘，这会造成系统的复杂以及投资运行费用的提高，采用机械输送的方式将干污泥输送至输煤皮带上或者转运站更为合适。锅炉机组的输煤系统通常是不连续运行的，因此需要设置干污泥储仓，以用于暂存输煤系统停运时的干污泥，同时也起到稳定物料输送的作用。

（5）干化和储存的安全性。湿污泥不具备自燃和爆炸的危险，但是在池内长时间储存会释放出甲烷，甲烷聚集则极不安全，当机组停运而污泥池有余泥时，应保持污泥池的臭气抽除持续工作。干化后的污泥一般要求含水率降低到40%，这种状态下的污泥多呈现小颗粒状，并含有大量的微细粉尘，在一定的氧气、温度、湿度等储存和转运条件下，容易发生自燃和爆炸。为了防止危险的发生，可以采取的技术措施包括：

1）严格控制干化系统的氧含量。干燥热源使用烟气、本身就降低了氧含量，干燥过程中水蒸气析出，又增加了烟气的湿度，能够有效抑制污泥爆燃的发生。运行中需要尽量维持锅炉烟气氧含量的稳定性，同时保证烟气管道和设备本体的密封性，避免漏入大量空气。

2）对干污泥储仓、输送设备进行惰性气体保护，特别是在系统长时间停运的情况下。

3）在干污泥储仓内设备喷水管，一旦发生污泥温度过高或者自燃的情况，立即喷水和降温。

污泥焚烧最具应用前景的技术发展路线有两条：一是将污泥干化后利用流化床焚烧炉进行单独焚烧；二是将污泥干化后在电站锅炉上进行掺烧。当依托电站锅炉掺烧污泥时，通常采用蒸汽干化系统，可以减少对现有系统的改造，获得较高的热效率；对于采用高温炉烟干燥的褐煤发电机组，可以充分利用现有褐煤干燥系统对污泥进行高温烟气干化。当新建独立的污泥焚烧厂时，采用蒸汽干化与流化床锅炉相结合的方式可以减少辅助燃料的消耗，有利于重金属等污染物排放总量的控制。

吴俊锋[53]等进行了热电厂协同处置污泥主要问题研究。

（1）污泥需鉴定为一般固体废物。热电厂协同处置的污泥包括市政污泥和工业污泥。

热电厂无危险废物经营资质，不能处置危险废物，因此工业污泥进入热电厂之前需要委托有资质的单位进行检测，根据《危险废物鉴别标准》（GB 5085.1～7—2007）检测属于一般固体废物才能进入热电厂协同处置。

（2）干化污泥含水率。如果污泥含水较多，焚烧时所能提供的热值就很小，且含水率过大可能会导致磨煤系统堵塞，降低焚烧炉内的温度和焚烧灰的软化点，增加飞灰产生量，降低系统热效率，严重时导致锅炉灭火。如果干化程度过高，干化系统中容易产生粉尘，存在自燃的风险，且不具有经济性。

（3）污泥干化二次污染物。污泥干化过程中污染物主要为污泥干化工序产生的废气。研究者采用圆盘干化系统干化某市污水处理厂污泥，试验表明：干化废气中包含多种污染气体，有甲烷、挥发性有机酸等有机气体和氨气、氟化氢、氯化氢等无机气体。氨气和有机酸来自污泥中含氮有机物蛋白质的水解，氯化氢、氟化氢来自污泥中同类游离气体的挥发或者其他物质的受热分解。由于干化废气中含水率较高，采用冷凝处理的方式优于活性炭吸附，冷凝后的废气可以与湿污泥储存时产生的臭气一起送电厂焚烧，作为燃料使用。如果干化废气含尘量较高，可以考虑在冷凝器前端增设旋风除尘器去除粉尘。干化废气冷凝水应测定相关水质指标，进入热电厂废水处理系统处理。

符成龙[24] 等进行了燃煤电厂污泥掺烧技术应用研究。

（1）污泥掺烧量的确定。污泥的掺烧量应根据推荐的污泥掺烧比例和锅炉运行情况来确定。污泥每天都会产生，产量根据季节稍有波动，而目前国内燃煤电厂负荷变动比较大，经常在不同满负荷运行，需要考虑 50%负荷以下的运行情况。因此污泥最大掺烧量应先根据低负荷运行时的燃煤量计算出干化污泥的掺烧量，再根据污泥含水率折算到湿污泥的量。

（2）污泥的干化。原污泥由于黏度大、水分等因素，不可直接进入煤粉炉燃烧。一般需要将污泥干化后与原煤混合进入原煤仓，污泥的干化程度需要考虑污泥的输送、储存、制粉系统、锅炉燃烧条件和经济性、安全性来确定。

第 2 章　典型污泥与煤掺混燃烧特性

2.1　概　　述

为了研究三种典型污泥与煤掺混燃烧的特性，得出其相应规律，本章首先对三种污泥和煤及其按不同比例（3%、5%、7%、10%）掺混后的常规特性包括元素分析，工业分析以及热值分析进行实验研究。对污泥与煤的掺混特性的研究采用热重法，热重法是国内外研究燃烧特性最常用的方法之一，其是在温度程序控制下，测量物质质量与温度之间关系的技术。将样品放置于坩埚里在热重炉里，通入反应气，设置好升温程序，使样品在电加热作用下进行反应，在炉体内部布置了热电偶和质量感应器检测反应过程中温度和质量的变化。应用热重法来分析煤与污泥的燃烧可得到其燃烧特性参数，如着火温度、燃尽温度、最大失重温度和最大失重速率等，通过这些数据计算出燃烧特性指数、反应活化能等，对燃烧特性进行评价。

2.2　实验与分析方法

本章研究的污泥分别取自广州市不同地点的污水处理厂，分别将污泥以所取的地名简称命名，即猎德（LD）、沥滘（LJ）和大坦沙（DTS），各个污泥样品分别置于鼓风干燥箱内恒温 105℃干燥 24h，对干燥后的污泥与煤进行研磨粉碎和过筛，取 80 目筛选后的污泥作以后实验分析使用。对污泥与煤采用《煤的工业分析方法　仪器法》（GB/T 30732—2014）进行实验，元素分析则采用华南理工大学分析与测试中心内由德国厂家 Elementar 生产的 Vario EL CHNS 元素分析仪进行实验。

热重实验采用 Mettler Toledo 热重分析仪，其附带的微量天平质量灵敏度小于±0.1μg，温度灵敏度小于±0.5℃。首先称取 5mg±0.5mg 的样品置于热天平，在设定的燃烧气氛为 79%N_2 与 21%O_2（v/v%）混合下以 20℃/min 的升温速率由 100℃升至 900℃，在没有添加样品的情况下，进行了几个空白实验，得到了基线，用空白基线对实验进行校准。

为了降低试验误差，每个样品均进行了 3 次实验，重现性良好。其主要原理为在温度程序控制下，热重测量物质质量随温度或时间的变化。通过 TG 曲线对时间的一阶导数，得到质量变化速率，即$\frac{dm}{dt}=f(\tau)$，因此也可以通过 DTG 峰面积求出质量损失量。热重可同时获得 TG 和 DTG 曲线，能精确反映出起始反应温度，最大反应速率的温度和反应终止温度；DTG 曲线能显出重叠反应，区分各个反应阶段；通过 TG 曲线和 DTG 曲线，可研究反应过程的动力学。

本章对热重分析主要是通过 TG 曲线和 DTG 曲线确定如下几个参数，来表征样品的燃烧性质和特性。

（1）着火点（T_i）：着火点是燃料着火性能的主要指标，着火点低的燃料易着火，着火特性好，采用切线法确定样品的着火点。

（2）最大燃烧速率 R_{max} 及对应的温度 T_{max}：最大燃烧速率 $R_{max}=(dw/dt)_{max}$（DTG 曲线上最大峰）表征燃烧反应的剧烈程度。R_{max} 越大说明反应越剧烈。T_{max} 反映达到最大反应速率时的温度，T_{max} 越小说明越容易达到最大反应速率，表明燃料越容易燃烧。

（3）可燃性指数：可燃性指数 $C_b=(dw/dt)_{max}/T_i^2$ 主要反映燃烧前期的反应能力。可燃性指数越大，可燃性越好。

（4）稳燃特性指数：$G=(dw/dt)_{max}/T_iT_{max}$ 体现着火后燃烧的稳定情况，G 越大则燃料的火焰越稳定。

（5）综合燃烧特性指数 S：

$$S=\frac{(dw/dt)_{max}\times(dw/dt)_{mean}}{T_i^2\times T_h}$$

式中，$(dw/dt)_{mean}$ 为平均燃烧速率；T_h 为燃尽温度（失重率为最大失重率 98%时所对应的温度）。

综合燃烧特性指数是燃料综合燃烧特性指标，它包含了着火点、燃尽温度、最大燃烧速率和平均燃烧速率，S 越大燃烧特性越佳。

2.3 结果与讨论

2.3.1 元素分析

污泥与煤的元素分析如表 2-1 所示，可以看到，三种污泥的元素含量基本相近，同种元素之间相差不超过 7%，其中碳元素约为 30%，与煤相比，煤所具有的碳元素含量高达 60.65%，约为污泥的两倍。相对地，煤的氧元素含量则约为污泥的一半，而煤所具有的氢元素为 5.247%，与污泥差别不大。与此同时，污泥相较之下含有较多的氮元素，四种物料均没有检测出硫元素。

表 2-1　污泥与煤的元素分析　(%)

样品名称	*C*	*H*	*O*	*N*	*S*
DTS	28.12	4.364	63.026	4.49	0
LD	30.18	4.727	59.973	5.12	0
LJ	31.34	4.299	59.391	4.97	0
Coal	60.65	5.247	33.223	0.88	0

2.3.2　工业分析

污泥与煤及其掺混样品工业分析如表 2-2 所示，三种污泥具有约 80%的水分，而煤的水分为 31.15%；相较而言，煤含有较多的灰分，为 33.61%，污泥中灰分最多为猎德污泥，其值为 12.53%，污泥的挥发分较煤而言偏高，最高为大坦沙污泥，含有 11.20%的挥发分；污泥的固定碳不超过 2%，而煤的固定碳含量达到了 31.55%。综上所述，除了灰分含量较高，煤作为燃料其特性要优于污泥。从在煤中添加不同种类以及比例的污泥的工业分析看出，其变化特性基本满足在纯样基础上的线性叠加，但总体上变化不大，各组分变化与煤相比不超过 5%。从工业分析来看，污泥的添加对燃烧前后的组分特性影响不大。

表 2-2　污泥与煤及其掺混样品工业分析　(%)

样品名称	水分	灰分	挥发分	固定碳
DTS	76.67	10.68747	11.1984	1.444127
LD	75.46	12.52522	10.2479	1.76688
LJ	79.87	10.51591	8.291547	1.322541
Coal	31.15	3.69036	33.60569	31.55396
3%LJ	32.6116	3.975916	33.23596	30.17653
5%LJ	33.586	4.516152	33.14059	28.75726
7%LJ	34.5604	4.436805	32.93575	28.06704
10%LJ	36.022	4.766361	32.10416	27.10748
3%LD	32.4793	4.2403	33.54428	29.73612
5%LD	33.3655	4.144666	33.36389	29.12594
7%LD	34.2517	4.733878	32.49938	28.51504
10%LD	35.581	5.069775	31.84875	27.50047
3%DTS	32.5156	4.123297	33.76245	29.59866
5%DTS	33.426	4.420514	32.95413	29.19936
7%DTS	34.3364	4.754045	32.13577	28.77379
10%DTS	35.702	5.105261	32.50264	26.6901

2.3.3　热值分析

对于使用的污泥，分别从猎德、大坦沙、沥滘三座污水处理厂取得污泥样本，在 105℃下干燥 24h，对干燥后的污泥进行多次热值测定，测得结果相对偏差均小于 5%。

不同水分含量下的热值（kJ/kg）如表 2-3 不同水分含量下的热值所示。

表 2-3　不同水分含量下的热值　(kJ/kg)

样品名称	全水分热值	40%水分热值	干燥后热值
LJ	4698.98	9543.04	11440.00
DTS	4515.34	7161.00	11935.00
LD	4843.85	7677.90	12796.50
Coal	18766.38	—	26235.50

从表 2-3 可以看出，刚从污泥厂中收集得到的污泥中，猎德污泥的热值最高，其次为沥滘，最低为大坦沙。而干燥后，沥滘污泥厂干燥后污泥的热值为三个中的最高，达到 14400kJ/kg；其次是猎德污泥厂干燥后污泥，为 12796.5kJ/kg；热值最低为大坦沙污泥厂干燥后污泥，仅为 11935kJ/kg。

对于使用的煤，为获得更好的普遍性，所以收集的是华润发电厂中的燃烧用煤。收集后的处理与污泥相同，在 105℃下干燥 24h，对干燥后的煤进行多次热值测定，测得结果为 26235.5kJ/kg。

三座污水处理厂获得的污泥分别按照 3%、5%、7%、10%的比例与干燥后的煤进行混合，然后进行多次热值测定，测得结果相对偏差均小于 5%，结果如表 2-4～表 2-6 所示。

表 2-4　LJ 与煤混合燃烧的热值　(kJ/kg)

LJ	干燥基热值	40%水分热值	全水分热值
3%	23523.00	23495.91	23468.91
5%	23675.00	23629.85	23584.84
7%	23039.50	22976.29	22913.28
10%	23154.00	23063.70	22973.69

表 2-5　LD 与煤混合燃烧的热值　(kJ/kg)

LD	干燥基热值	40%水分热值	全水分热值
3%	25419.00	25391.91	25367.89
5%	25086.00	25040.85	25000.82
7%	23531.00	23467.79	23411.75
10%	24939.50	24849.20	24769.14

表 2-6　DTS 与煤混合燃烧的热值　(kJ/kg)

DTS	干燥基热值	40%水分热值	全水分热值
3%	23767.50	23740.41	23715.57
5%	23305.00	23259.85	23218.45
7%	23380.00	23316.79	23258.84
10%	22730.50	22640.20	22557.41

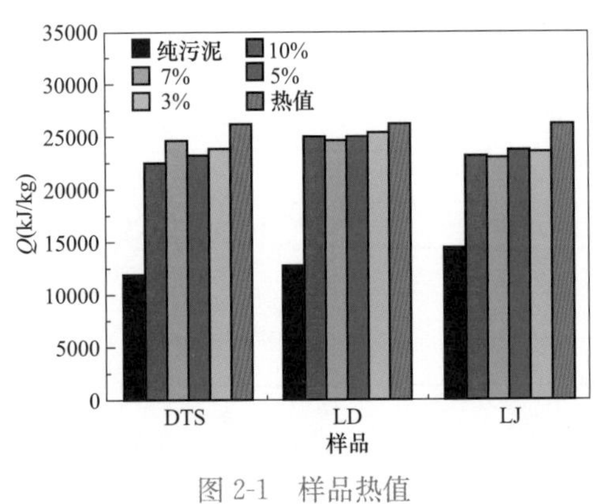

图 2-1 样品热值

将表 2-4～表 2-6 中各样品干基热值汇总到图中，加入对比纯污泥与煤的热值，如图 2-1 所示。

对于猎德污泥与煤的混合燃烧，在混合比例为 3％的时候，热值相比于纯煤燃烧的热值有所下降。当比例为 5％与 7％时，混合燃烧的热值随着污泥的比例上升而下降。但是混合比例为 10％时，燃烧产生的热值反而比混合比 7％的热值更大。

对于沥滘污泥与煤的混合燃烧，混合比为 3％时产生的热值相比混合比为 5％时产生的热值要更大，而在混合比为 7％时热值达到最低，只有 23039.5kJ/kg。热值在混合比为 10％时又有所上升。

对于大坦沙污泥与煤的混合燃烧，当混合比为 3％时，热值为四种混合中的最高。而混合比为 5％、7％、10％的时候，前两者燃烧产生的热值较为接近，但总体上仍保持混合比越大，热值越低的趋势。

将混合燃烧产生的热值与纯物质燃烧产生的热量进行对比，可以很容易地发现，在混合相同煤种的情况下，虽然沥滘污泥单独燃烧热量较高，但是在混合燃烧中的效果并不理想，热值在三种混合样中最低。猎德污泥在污泥单独燃烧中热量为中等水平，但是在混合燃烧中表现的效果最好。在各种混合比中产生的热量均为三者最大。

2.3.4 燃烧特性分析

1. 燃烧失重过程分析

污泥与煤及其掺混样品 TG 与 DTG 曲线如图 2-2 所示，煤的失重远高于三种污泥，煤存在单一高而宽的失重峰，而三种污泥均存在两个失重峰，这两个失重峰分别是挥发分析出和燃烧失重峰、固定碳燃烧失重峰，而煤的成熟程度比较高，其挥发分析出和燃烧温度高，和固定碳燃烧峰重合为一个峰。总体上看添加污泥后的 TG 与 DTG 曲线与煤

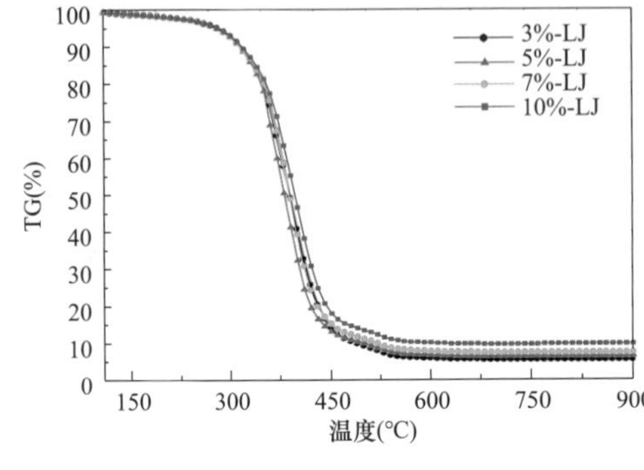

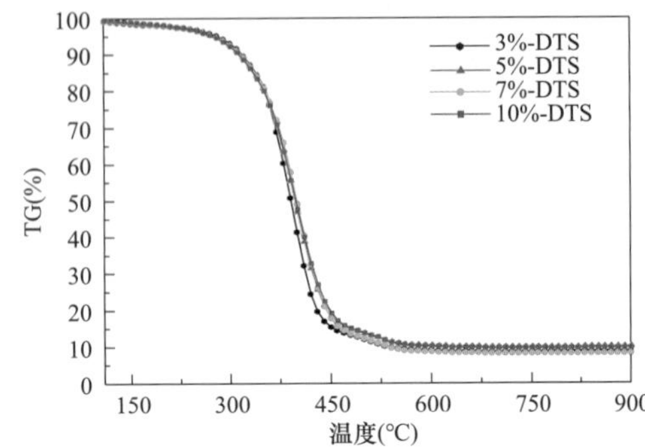

图 2-2 污泥与煤及其掺混样品 TG 与 DTG 曲线（一）

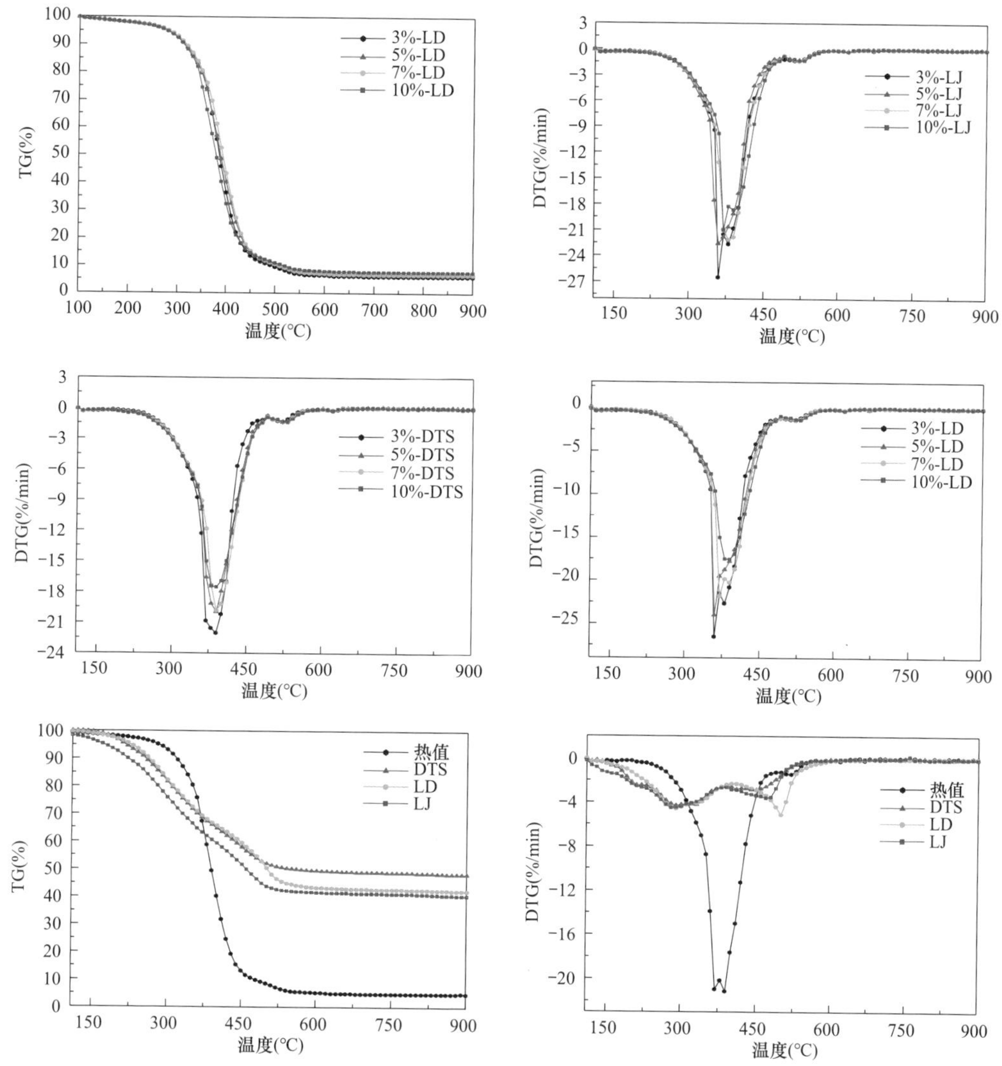

图 2-2　污泥与煤及其掺混样品 TG 与 DTG 曲线（二）

的曲线相近，尤其是对于大坦沙污泥，其 3%添加比例下与煤的 TG 与 DTG 曲线接近程度最高，即其对燃烧特性影响最低，而对于猎德污泥与沥滘污泥，其添加后的 DTG 曲线可以看到双峰较为明显地存在，与纯煤粉相比双峰仍然存在于较小的温度区间内。随着污泥添加量的增加，最大失重峰均向上转移，说明污泥对燃烧特性的影响权重在不断变大。

下面对各样品进行着火点、最大燃烧速率 R_{max} 及对应的温度 T_{max}、可燃性指数、稳燃特性指数 G、综合燃烧特性指数 S 进行求解以及分析，其结果如表 2-7 所示。

燃料的着火性能主要用着火温度 T_i 来衡量。着火温度低则燃料易着火，着火特性好。着火温度由燃料在燃烧过程中挥发分析出的速度和释放的热量多少决定，挥发分的含量高、释放速度快则可以降低着火温度。通过切线法求解可以看出，大坦沙与沥滘两种污泥着火温度相近，分别为 205.5℃与 205.7℃，猎德污泥的着火温度则达到 232.1℃。

煤的着火温度较高，达 335.3℃，添加污泥后混样的着火温度与煤相似，对着火温度起到了降低的影响，即少量污泥的添加，对燃烧的着火特性起到一定的改善作用。

表 2-7　污泥与煤及其掺混样品燃烧特性指数

样品名称	T_i(℃)	R_{max} (min^{-1})	T_{max}(℃)	$C_b\times10^{-5}$ ($K^{-2}\cdot min^{-1}$)	$G\times10^{-5}$ ($K^{-2}\cdot min^{-1}$)	T_h(℃)	$S\times10^{-7}$ ($K^{-3}\cdot min^{-2}$)
DTS	205.5	−4.37	296.0	−1.91	−1.60	632	0.278
LD	232.1	−4.63	289.5	−1.81	−1.63	599	0.304
LJ	205.7	−4.59	285.1	−2.00	−1.72	590.5	0.342
Coal	335.3	−25.22	363.8	−6.81	−6.51	526	2.06
3%LJ	331.4	−22.13	360.2	−6.06	−5.78	528	1.90
5%LJ	329.2	−26.34	352.5	−7.26	−6.99	527	2.22
7%LJ	334.2	−24.08	364.3	−6.53	−6.22	527	1.94
10%LJ	335.8	−21.24	368.9	−5.73	−5.43	531	1.67
3%LD	334.4	−26.82	360.6	−7.27	−6.97	525	2.28
5%LD	332.3	−24.06	359.9	−6.56	−6.28	535	1.99
7%LD	335.9	−21.85	369.7	−5.89	−5.58	529.5	1.78
10%LD	325.1	−27.27	347.1	−7.62	−7.35	526.5	2.19
3%DTS	324.7	−22.36	384.5	−6.26	−5.69	528	1.85
5%DTS	343.2	−20.11	387.8	−5.29	−4.94	531	1.52
7%DTS	346.2	−19.86	391.8	−5.18	−4.82	527.5	1.51
10%DTS	334.6	−18.75	374.3	−5.08	−4.77	537.5	1.44

三种污泥的最大燃烧速率均在−4.5%/min 左右，而煤的最大燃烧速率为−25.22%/min，远大于污泥，一方面，煤的热值高，且热量释放集中，着火燃烧和放热助燃相互促进；另一方面，因为煤最大燃烧速率所处的温度 T_{max} 比两种污泥的高。单就 T_{max} 而言，两种污泥都比烟煤更容易达到自己的最大燃烧速率，这一特性优于煤。添加一定量污泥后，可以减少达到最大燃烧速率的时间，尽管同时最大燃烧速率有一定的下降。

可燃性指数 C_b 主要反映燃烧前期的反应能力，可燃性指数越大，可燃性越好。从可燃性指数的定义式可以发现，此参数综合考虑了最大燃烧速率和着火温度两个燃烧前期的特征参数，最大燃烧速率越大或者着火温度越低则可燃性指数越大，即燃料的可燃性越好。从结果可以看出，煤的可燃性指数要高于三种污泥，添加污泥后会使可燃性指数有所降低。

稳燃特性指数 G 体现着火后燃烧的稳定情况，稳燃特性指数越大则燃料的火焰越稳定。对比可燃性指数的定义，稳燃特性指数综合考虑了最大燃烧速率、着火温度和 T_{max}。可以看出三种污泥的稳燃特性都不如煤。煤的最大燃烧速率远高于两种污泥，即使煤的着火温度和最大燃烧速率对应的温度也相对较高，但最终计算得到的稳燃特性指数也大于污泥。这也说明煤着火温度高、T_{max} 高、最大燃烧速率高是一种燃烧集中的表现，燃烧的热量释放集中有利于后续燃料的着火燃烧，即稳燃特性好。因为污泥的灰分含量远高于煤，且热值远低于煤，因而污泥在燃烧时释放的热量少且含量较高的灰分吸收部分热量，导致污泥的稳燃特性比煤差。

综合燃烧特性指数 S 是燃料燃烧综合性能的主要指标，它包含了着火温度、燃尽温度、最大燃烧速率和平均燃烧速率，综合燃烧特性指数越大燃烧特性越佳。从表 2-7 中的结果可以看出两种污泥的综合燃烧特性指数都远小于煤，这也说明了污泥是一种较差的燃料。添加污泥后，可以看出对燃烧特性指数影响不大，因此少量污泥的添加对燃烧的影响在合理的范围内。

2. 动力学机理分析

动力学分析可以为燃烧反应过程提供热参数，燃烧反应可以由如下等式来描述：

$$\frac{\mathrm{d}a}{\mathrm{d}t}=kf(a)=A\exp\left(\frac{-E}{RT}\right)f(a)$$

式中，a 为样品在反应过程中的质量转换率；t 为反应时间；k 为反应速率常数；$f(a)$ 为一个取决于反应机理的函数；A 为阿伦尼乌斯方程的指前因子；E 为反应的活化能；R 为气体常数，T 为温度。

在本节采用模型拟合方法进行动力学数据的分析。所有反应均采用 4 级反应模型，对每个样品单独求解，反应模型如下：

$$\frac{\mathrm{d}a}{\mathrm{d}t}=A(1-a)^n\exp\left(\frac{-E}{RT}\right)$$

利用 Coats-Redfern 法可将上式转换如下：

$$\ln\left[\frac{g(a)}{T^2}\right]=\ln\left[\frac{AR}{\beta E}\left(1-\frac{2RT}{E}\right)\right]-\frac{E}{RT}$$

其中，$g(a)$ 为 $f(a)$ 的积分形式；β 为升温速率，由于式中 $\frac{2RT}{E}$ 可以认为是远小于 1 的数，因此等式右边的第一项可以近似看成是一个常数。等式中的指前因子 A 与活化能 E 可以通过绘制关于 $\ln\left[\frac{g(a)}{T^2}\right]$ 与 $\frac{1}{T}$ 的图像求出。

污泥与煤及其掺混样品动力学参数如表 2-8 所示，其中，温度范围截取样品质量不再发生变化的温度段，三种污泥的活化能分别为 119.59、105.13kJ/mol 和 82.07kJ/mol，煤的活化能要略微高于污泥，为 151.62kJ/mol。各混样的活化能在 146.34～163.65kJ/mol 区间内，由模型求解的各结果相关指数均在 0.96 以上，因此认为模型求解结果与实验结果具有良好的相关性。

表 2-8　　污泥与煤及其掺混样品动力学参数

样品名称	温度范围（℃）	E(kJ/mol)	n	$\log A$(s^{-1})	相关系数
DTS	100～640	119.59	4	4.14	0.9621
LD	100～680	105.13	4	2.94	0.9809

续表

样品名称	温度范围（℃）	E(kJ/mol)	n	$\log A(s^{-1})$	相关系数
LJ	100～640	82.07	4	1.63	0.9839
Coal	100～640	151.62	4	7.82	0.9623
3%LJ	100～640	154.39	4	7.99	0.9658
5%LJ	100～680	151.44	4	7.71	0.9666
7%LJ	100～680	151.44	4	7.71	0.9667
10%LJ	100～680	147.07	4	7.09	0.9712
3%LD	100～610	154.97	4	8.11	0.9634
5%LD	100～610	154.59	4	8.03	0.9680
7%LD	100～620	153.73	4	7.91	0.9670
10%LD	100～680	147.82	4	7.42	0.9663
3%DTS	100～675.5	163.65	4	9.30	0.9651
5%DTS	100～600	146.34	4	7.21	0.9633
7%DTS	100～640	147.90	4	7.32	0.9707
10%DTS	100～640	148.78	4	7.34	0.9748

2.4 本章小结

本章主要对三种污泥与煤进行工业分析、元素分析以及热值分析，通过对不同样品进行热重实验，求解其燃烧特性参数和活化能。可以得出以下结论：

(1) 经过将煤与不同的污泥以不同混合比进行混合燃烧试验，可以得到只要污泥与煤的混合比在10%以下，其混合燃烧得到的热值依旧符合热力发电厂锅炉的需求。

(2) 污泥有很高的水分，煤含有33.61%的灰分，污泥中灰分在10%左右，污泥的挥发分比煤要高，而煤的固定碳含量要远大于污泥。三种污泥的元素含量基本相近，同种元素之间相差不超过7%，煤所具有的碳元素含量高达60.65%，约为污泥的两倍，而氧元素含量则约为污泥的一半，污泥与煤的氢元素含量接近，污泥相较之下含有较多的氮元素，四种物料均没有检测出硫元素。

(3) 煤作为燃料成熟度高，挥发分和固定碳失重几乎重合为一个失重峰；污泥的成熟度低，具有区别明显的挥发分失重峰和固定碳失重峰。煤燃烧集中，燃烧特性优于三种污泥；但是污泥挥发分含量高，具有较好的低温反应性，着火温度和最大燃烧温度都低于煤，活化能也低于煤。

(4) 随着污泥添加量的提高，各项燃烧指数均略有偏向污泥的改变，但总体来看仍然与煤的燃烧特性相差不大，少量污泥的添加在一定程度上对在低温反应中的燃烧有积极的影响，但从整个燃烧反应来看，污泥的添加使燃烧反应特性有所恶化。

(5) 污泥的反应活化能要低于煤，因此随着污泥的添加比例不断上升，反应的活化能有所降低，尤其对于大坦沙污泥，添加后的混样反应活化能普遍低于煤的反应活化能。

第 3 章　污泥/煤混样灰熔融及结渣特性

3.1　概　　述

随着工业的快速发展和人口的急剧增加、城市化的加快，以及污泥含水率的提高，每年产生大量的城市污泥。目前处理污泥的主要方法有焚烧、填埋、农用、排海等。焚烧具有减量化、资源化和无害化的显著优点，焚烧后污泥的残渣体积仅为机械脱水后污泥体积的 10%。同时混烧能够清理病毒细菌等微生物，能够回收焚烧污泥产生的热量。污泥填埋会占用大量的土地资源，且污泥中残留的重金属会污染地下水资源，所以填埋处理受到一定的限制。因此，随着技术的更新，污泥焚烧处理的比例会不断增加。由于纯机械脱水中污泥含水率较大，因此在燃烧过程中热值很低，不利于污泥的完全燃烧。因此，在工业装置中，一般采用污泥和其他辅助燃料如（煤）混烧的方式来焚烧污泥的装置。市政污泥和造纸污泥大量产生，而我国处理污泥的设备和技术相对落后，污泥安全处理的保障率较低。如果处理不当，则会造成严重的二次污染。因此，如何妥善，高效科学地处理污泥成为一大难题。

煤的灰熔点被视为动力用煤以及气化用煤的一项重要的指标，对于熔点较低的煤，若将其放在固态排渣炉中，则非常容易引起结渣，直接对锅炉的安全运行和稳定燃烧造成严重的影响。

混煤是由污泥和单煤按一定比例混合而成，但混煤的灰熔点不等于各种组分灰熔点的算术平均值，有时比组分都低，有时比组分都高。这主要是因为不同燃料混合后，由于矿物质的组成、含量发生变化以及它们之间的相互影响、相互制约，使得不同燃料的不同矿物质发生化学反应，从而改变了混煤的灰熔融特性。同时，不同煤种混合后煤灰还可能生成共熔体，也使混煤的灰熔点发生变化。

本文分析了不同种类的污泥与煤的掺混，污泥与煤不同比例的掺混等因素对灰熔融特性和结渣特性的影响，为发电厂污泥与煤掺混比例提供数据基础和理论依据。

3.2 实验与分析方法

3.2.1 实验样品

实验材料为污泥和煤，所用污泥和煤为粉末状，过 80 目筛子，粒径均小于 200μm，污泥来自沥滘污水处理厂，大坦沙污水处理厂以及猎德污水处理厂，煤粉来源于华润南沙电厂。

3.2.2 实验仪器

灰成分主要测试仪器为 AXIOS advanced 波长色散型 X 射线荧光光谱仪（如图 3-1 所示），用 X 射线照射样品，激发原子内层电子而产生荧光 X 射线，其波长取决于物质中原子的种类，其强度取决于该原子的浓度。据此进行元素的定性和定量分析。

样品的灰样制备依据《煤的工业分析方法》（GB 212—2008）要求，在程序温控马弗炉内 815℃±10℃温度下灼烧样品至质量恒定。灰熔点分析仪为长沙某仪器公司生产的 AF-3000（如图 3-2 所示），对混样灰的熔融特性（变形温度 DT、熔融温度 ST、流动温度 FT）进行分析，最高温度可达 1500℃。

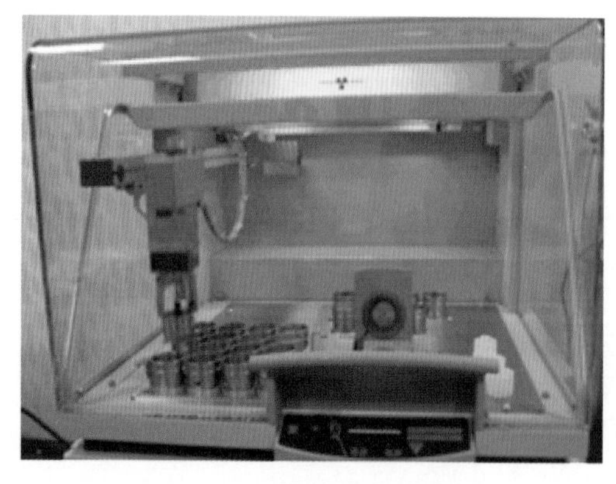

图 3-1 X 射线荧光光谱仪

图 3-2 灰熔点分析仪

样品的消解仪采用的是广东省某公司生产的微波消解装置，型号为 WMX-Ⅲ-B，微波频率 2450MHz，微波功率为 800W，输入功率 1300W，最大消解样品数为 12 个。可对污泥和煤混样的样品制备进行消解。

灰成分的元素分析仪采用安捷伦科技大学的型号为 Agilent 5110 ICP-OES 进行测量，如图 3-3 所示，该仪器采用独特的智能光谱组合（DSC）技术，可实现同步水平和垂直信号测量。OES 使用高能量源先把电子从基态激发到较高能级，随后被激发的电子释放能量落回低能级。释放的能量以光子的形式发出，即发射出特征波长的光。发射光的波长既与被激发的原子（元素）有关，也与电子落回的不同能级有关。发射光的强度由电荷

耦合器件（CCD）来测量，发光强度与待测元素浓度成正比。

3.2.3　实验方法

本次实验主要是记录各个灰样的四个特征温度：变形温度（DT）、软化温度（ST）、半球温度（HT）、流动温度（FT）。我国对特征温度有明确规定，如图 3-4 所示。

变形温度（DT）：灰锥尖端开始变圆或者弯曲时候的温度。

软化温度（ST）：锥体弯曲至锥尖触及托板或灰锥变成球形时候的温度。

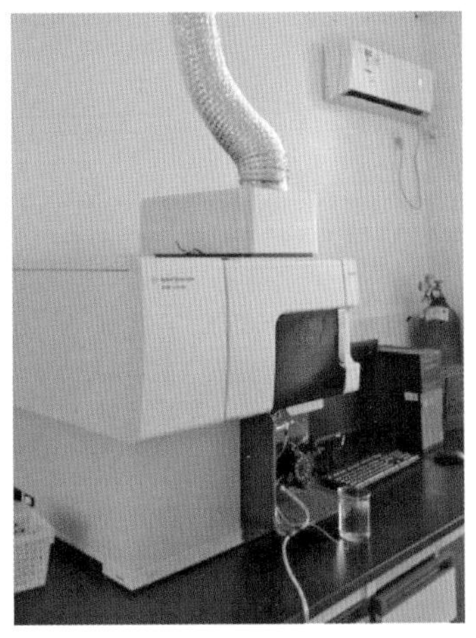

图 3-3　电感耦合等离子体发射光谱仪（ICP-OES）

半球温度（HT）：灰锥形变至半球形，即高约等于底长一半时的温度。

流动温度（FT）：灰锥融化展开成 1.5mm 以下的薄层时温度。

图 3-4　灰锥熔融示意图

本实验使用封碳法，具体步骤如下：

（1）分别各称取 5g 左右的石墨和活性炭放进干燥箱，在设定温度为 105℃ 干燥 3h 以上。

（2）称取 1g 的糊精，用 10L 水溶解，然后把糊精和水混合液滴定在样品中，调成黏糊状，再用灰锥模具制成灰锥样品，放在空气中干燥。

（3）先把干燥过的石墨倒入刚玉杯中，然后再把干燥过的活性炭平铺在石墨表面。

（4）把已经干燥的灰锥样品用胶水黏在灰锥托板三角孔上，再把灰锥托板潜入刚玉杯上面，然后放进灰熔融测试仪中，打开电脑，启动软件，首先进行转盘复位，把刚玉杯对应嵌入仪器上升盘中，然后上升到炉膛中。

（5）双击软件界面的灰锥托板图像的三角孔，对应右边界面是灰锥三角孔对应的物料名称，接着选择所用的方法（本实验选用封碳法），最后点击开始实验，关上进料口。

（6）实验过程中不需要人为地改变参数，计算机自动记录数据和图像，实验完成自动降温，当温度降低到 200℃时转盘下降功能才有效，然后点击转盘下降，取出刚玉杯，把做完实验室的灰锥托板扔掉，把刚玉杯擦拭干净以待下次实验。

（7）每次实验前要把灰熔融测试仪摄像头前面的镜片取出擦拭干净，以保证实验质量。

3.3 结果与讨论

3.3.1 灰熔融特性分析

1. 灰熔点与灰成分

本次实验主要是记录各个灰样的四个特征温度：变形温度（DT）、软化温度（ST）、半球温度（HT）、流动温度（FT）。试样名称中带有 s 的表示用生物质工业分析方法制成的灰，没有标记的表示用煤的工业分析方法制成的灰。样品的灰成分分析如表 3-1～表 3-4 所示。

表 3-1　煤和污泥单样的灰成分

成分	单位	热值	LJ	LD	DTS
SiO_2	%	21.22	41.92	45.49	50.24
Al_2O_3	%	13.24	18.97	23.66	19.57
Fe_2O_3	%	12.47	8.74	5.89	6.5
CaO	%	28.25	5	3.83	3.94
K_2O	%	0.73	3.17	3.2	2.95
P_2O_5	%	0.42	16.93	13.38	10.88
Na_2O	%	1.53	0.69	0.5	0.41
TiO_2	%	0.64	0.67	0.65	0.67
MgO	%	10.35	2.15	2.0	2.65
SO_3	%	10.46	0.92	0.85	1.51
MnO	%	0.19	0.14	0.19	0.11
CuO	%	0.04	0.1	0.05	0.07
其他	%	0.46	0.6	0.31	0.5

表 3-2　不同比例沥滘污泥混样灰成分

成分	单位	3%LJ	5%LJ	7%LJ	10%LJ
SiO_2	%	27.13	28.1	29.76	30.4
CaO	%	22.84	21.72	20.17	18.59
Al_2O_3	%	13.64	14.64	14.24	15.68
Fe_2O_3	%	12.46	11.9	11.64	11.13
SO_3	%	8.8	7.88	7.93	6.91
MgO	%	8.49	8.13	8.05	7.32
P_2O_5	%	2.16	3.19	4.12	5.47
Na_2O	%	1.53	1.79	1.45	1.65
K_2O	%	1.28	1.41	1.44	1.71
TiO_2	%	0.67	0.63	0.6	0.62
MnO	%	0.14	0.14	0.16	0.17

续表

成分	单位	3%LJ	5%LJ	7%LJ	10%LJ
CuO	%	0.04	0.05	0.03	0.05
其他	%	0.82	0.42	0.41	0.3

表 3-3　　不同比例猎德污泥混样的灰成分

成分	单位	3%LD	5%LD	7%LD	10%LD
SiO_2	%	28.18	30.13	31.20	31.97
CaO	%	22.49	20.68	20.09	18.29
Al_2O_3	%	14.55	14.98	15.53	16.69
Fe_2O_3	%	11.86	11.62	10.86	10.25
SO_3	%	8.95	8.14	7.42	6.85
MgO	%	8.48	7.48	7.34	6.72
P_2O_5	%	1.92	2.69	3.46	4.80
Na_2O	%	1.38	1.77	1.45	1.22
K_2O	%	1.16	1.37	1.52	1.83
TiO_2	%	0.60	0.67	0.62	0.74
MnO	%	0.15	0.13	0.16	0.21
CuO	%	0.04	0	0.04	0.00
其他	%	0.24	0.35	0.32	0.43

表 3-4　　不同比例大坦沙污泥混样的灰成分

成分	单位	3%DTS	5%DTS	7%DTS	10%DTS
SiO_2	%	29.45	30.97	32.46	33.13
CaO	%	21.89	20.62	19.54	18.45
Al_2O_3	%	14.24	14.72	14.76	15.36
Fe_2O_3	%	11.81	11.34	11.01	10.49
SO_3	%	8.77	8.66	7.90	7.28
MgO	%	8.20	7.16	7.37	7.03
P_2O_5	%	1.75	2.41	3.17	4.12
Na_2O	%	1.68	1.47	1.25	1.33
K_2O	%	1.19	1.38	1.44	1.65
TiO_2	%	0.55	0.69	0.59	0.68
MnO	%	0.17	0.20	0.14	0.13
CuO	%	0.03	0.03	0.03	0.04
其他	%	0.25	0.34	0.34	0.30

样品的灰熔点测试结果如表 3-5 所示。

表 3-5　　样品的四种温度　　(℃)

试样名称	变形温度	软化温度	半球温度	流动温度
热值	1241	1284	1289	1291

续表

试样名称	变形温度	软化温度	半球温度	流动温度
3%LJ	1203	1237	1238	1240
5%LJ	1174	1200	1202	1206
7%LJ	1160	1180	1184	1188
10%LJ	1158	1168	1171	1174
LJ	1079	1136	1152	1167
3%LD	1196	1238	1242	1246
5%LD	1175	1199	1208	1210
7%LD	1171	1182	1183	1187
10%LD	1156	1171	1173	1180
LD	1124	1187	1220	1224
3%DTS	1187	1225	1231	1235
5%DTS	1181	1188	1193	1198
7%DTS	1169	1175	1176	1181
10%DTS	1158	1166	1168	1176
DTS	1150	1180	1214	1279

该电厂用煤和不同比例污泥掺混进行燃烧制成的灰以及煤和污泥单样的灰所得到的灰熔点，它们是按照工业分析法方法燃烧，如图 3-5 所示，比例分别为 3%，5%，7%，10%。DT 表示变形温度，ST 表示软化温度，HT 表示半球温度，FT 表示流动温度。

对于煤的工业分析方法，从图 3-5 中看出，沥滘污泥的四个温度与另两个污泥相差较大，其灰熔点（ST）比较低；而煤与污泥比较，煤的四个温度均比污泥单样高。沥滘污泥单样的四个温度是最低的，污泥的掺混量越多，其灰熔点越低，污泥的掺入降低了煤的灰熔点；对于猎德、大坦沙，它们的温度趋势与沥滘大致相同。但是猎德、大坦沙

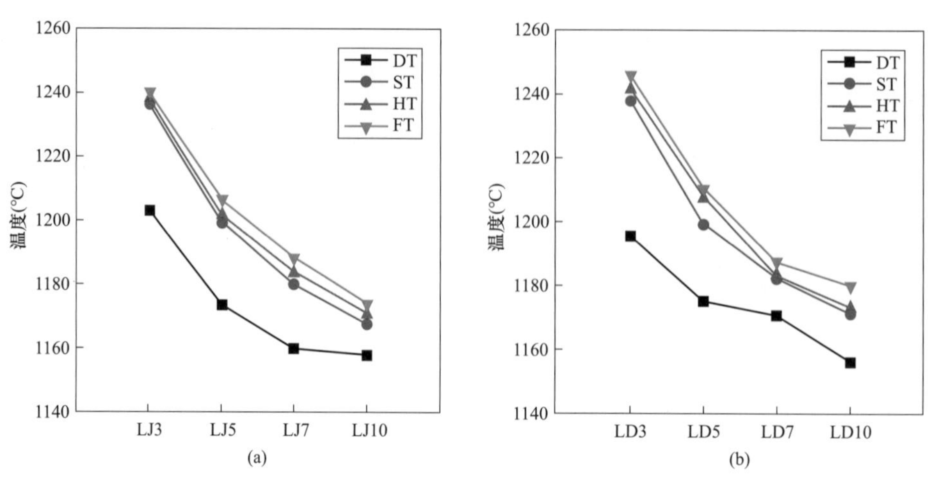

图 3-5 不同比例的混样和单样的温度图（一）

（a）华润用煤和不同比例沥滘污泥掺混得到的四个温度趋势图；

（b）华润用煤和不同比例猎德污泥掺混得到的四个温度趋势图

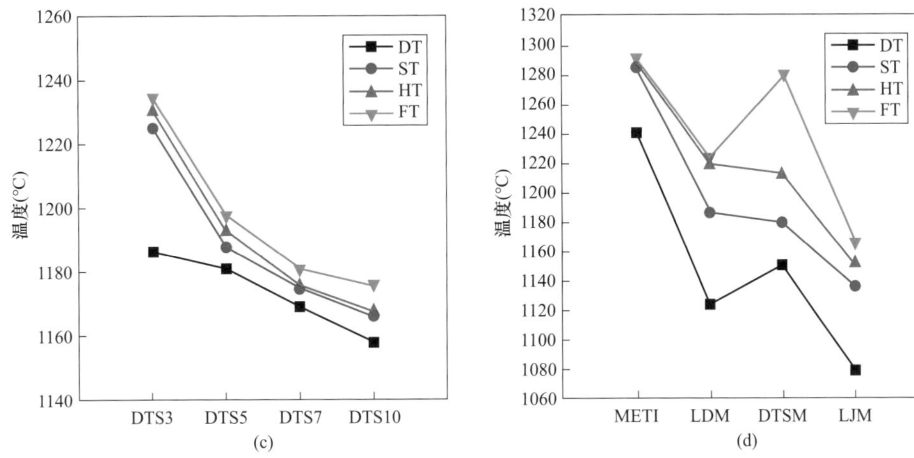

图 3-5　不同比例的混样和单样的温度图（二）

（c）华润用煤和不同比例大坦沙污泥掺混得到的四个温度趋势图；

（d）煤单样和三种污泥的温度比较

污泥单样的灰熔点分别低于3%、5%，但分别高于7%、10%的污泥和煤的混合样。高比例的掺入不仅降低了煤的灰熔点，同时也降低了污泥自身的灰熔点。混煤的灰熔点不等于各种组分灰熔点的算术平均值，有时比组分都低，有时比组分都高。这主要是因为不同燃料混合后，由于矿物质的组成、含量发生变化以及它们之间的相互影响、相互制约，使得不同燃料的不同矿物质发生化学反应，从而改变了混煤的灰熔融特性。同时，不同煤种混合后煤灰还可能生成共熔体，也使混煤的灰熔点发生变化。

三种污泥中，猎德污泥的灰熔点（ST）都是最高的，但不超过1200℃，加入煤后混样的灰熔点得到一定的提高。大坦沙污泥的变形温度和流动温度比猎德污泥的高，但软化温度和半球温度比其低。

混合试样的灰熔点按照线性变化，掺混污泥后的灰熔点比煤单样的灰熔点低，但有的比例会比污泥单样的灰熔点低。高比例的掺混使样品的灰熔点较低，在炉内燃烧较易结渣。

2. 结渣特性判别指数

灰熔融温度与灰分含量也有一定的关系，它也反映煤的结渣性高低。煤的灰分特别高或特别低时，它们的灰的结渣能力要比中等灰分的煤要弱。烟气气氛对灰的熔融特性也有较大的影响，一般来讲，氧化性气氛下，灰的软化温度要比还原性气氛高。

根据我国煤质的具体情况和电厂使用的适应性，哈尔滨电站设备成套设计研究所在国内近250种煤质的灰渣特性资料的基础上，提出了适合于我国煤种的结渣程度最优分割准则，如表3-6所示。

除了上述判别指标以外，还可以应用灰成分综合指数 Ru_1 和 R 来预测沾污和结渣。其判别标准如下：

表 3-6　常用结渣程度判别指标

判别指标	结渣程度			置信度（%）
	轻微	中等	严重	
灰熔点 T_2(℃)	>1390	1390～1260	<1260	83
碱酸比 B/A	<0.206	0.206～0.4	>0.4	69
硅比 G	>78.8	78.8～66.1	<66.1	67
SiO_2/Al_2O_3	<1.87	1.87～2.65	>2.65	61

（1）用灰成分综合指数来预测沾污。

$$Ru_1 = \frac{B}{A} \cdot Na_2O$$

$$B = CaO + MgO + Fe_2O_3 + K_2O + Na_2O$$

$$A = SiO_2 + Al_2O_3 + TiO_2$$

沾污等级判别界线如表 3-7 所示。

表 3-7　沾污等级判别界线

Ru_1	<0.2	0.2～0.5	0.5～1.0	>1.0
判别界线	轻微沾污	中等沾污	重沾污	严重沾污

（2）用灰成分综合指数 R 来预测结渣。

$$R = 1.24B/A + 0.28\frac{SiO_2}{Al_2O_3} - 0.0023t_2 - 0.019G + 5.4$$

其中，B/A 为碱/酸比，G 为硅比

$$B/A = \frac{CaO + MgO + Fe_2O_3 + Na_2O + K_2O}{SiO_2 + Al_2O_3 + TiO_2}$$

$$G = \frac{SiO_2 \times 100\%}{SiO_2 + Fe_2O_3 + CaO + MgO}$$

结渣等级判别界线如表 3-8 所示。

表 3-8　结渣等级判别界线

R	<1.5	1.5～1.75	1.75～2.25	2.25～2.5	>2.5
判别界线	轻微	中偏轻	中等	中偏重	严重

用软化温度、酸碱比、硅比和硅铝比预测结渣特性，结果如表 3-9～表 3-12 所示。

表 3-9　纯煤和纯污泥的结渣指数

试样	灰熔点 T(℃)	结渣程度	B/A	结渣程度	硅比	结渣程度	SiO_2/Al_2O_3	结渣程度
热值	1284	中等	1.52	严重	29.35	严重	1.6	轻微
LJ	1136	严重	0.32	中等	72.51	中等	2.21	中等

续表

试样	灰熔点 T(℃)	结渣程度	B/A	结渣程度	硅比	结渣程度	SiO_2/Al_2O_3	结渣程度
LD	1187	严重	0.22	中等	79.51	轻微	1.92	中等
DTS	1180	严重	0.23	中等	79.33	轻微	2.57	中等

表 3-10　　不同比例沥滘污泥混样的结渣指数

试样	灰熔点 T(℃)	结渣程度	B/A	结渣程度	硅比	结渣程度	SiO_2/Al_2O_3	结渣程度
3%LJ	1237	严重	1.12	严重	38.25	严重	1.99	中等
5%LJ	1200	严重	1.04	严重	40.23	严重	1.92	中等
7%LJ	1180	严重	0.96	严重	42.75	严重	2.09	中等
10%LJ	1168	严重	0.87	严重	45.08	严重	1.94	中等

表 3-11　　不同比例猎德污泥混样的结渣指数

试样	灰熔点 T(℃)	结渣程度	B/A	结渣程度	硅比	结渣程度	SiO_2/Al_2O_3	结渣程度
3%LD	1238	严重	0.74	严重	50.55	严重	1.25	轻微
5%LD	1199	严重	0.74	严重	51.86	严重	1.46	轻微
7%LD	1182	严重	0.74	严重	52.78	严重	1.55	轻微
10%LD	1171	严重	0.79	严重	52.63	严重	1.75	轻微

表 3-12　　不同比例大坦沙污泥混样的结渣指数

试样	灰熔点 T(℃)	结渣程度	B/A	结渣程度	硅比	结渣程度	SiO_2/Al_2O_3	结渣程度
3%DTS	1225	严重	0.71	严重	51.95	严重	1.35	轻微
5%DTS	1188	严重	0.73	严重	53.02	严重	1.5	轻微
7%DTS	1175	严重	0.72	严重	54.4	严重	1.66	轻微
10%DTS	1166	严重	0.74	严重	54.64	严重	1.8	轻微

综合判别指数预测结果如表 3-13～表 3-16 所示。

表 3-13　　煤和污泥单样的综合结渣和沾污指数

试样	Ru_1	沾污等级	R	结渣程度
热值	2.32	严重沾污	4.09	严重
LJ	0.22	中等沾污	2.25	中等
LD	0.11	轻微沾污	1.82	中等
DTS	0.1	轻微沾污	1.98	中等

表 3-14　　不同比例沥滘污泥的综合结渣和沾污指数

试样	Ru_1	沾污等级	R	结渣程度
3%LJ	1.72	严重沾污	3.78	严重

续表

试样	Ru_1	沾污等级	R	结渣程度
5%LJ	1.86	严重沾污	3.7	严重
7%LJ	1.39	严重沾污	3.65	严重
10%LJ	1.43	严重沾污	3.47	严重

表 3-15　　不同比例猎德污泥的综合结渣和沾污指数

试样	Ru_1	沾污等级	R	结渣程度
3%LD	1.42	严重沾污	2.86	严重
5%LD	1.99	严重沾污	2.98	严重
7%LD	2.54	严重沾污	3.03	严重
10%LD	3.77	严重沾污	3.17	严重

表 3-16　　不同比例大坦沙污泥的综合结渣和沾污指数

试样	Ru_1	沾污等级	R	结渣程度
3%DTS	1.25	严重沾污	2.86	严重
5%DTS	1.75	严重沾污	2.98	严重
7%DTS	2.28	严重沾污	3.02	严重
10%DTS	3.03	严重沾污	3.09	严重

3.3.2　结渣特性分析

习惯上一般将灰的软化温度（ST）作为灰熔融温度的指标，灰的熔融温度是反映结渣特性的重要指标，对灰熔融温度的研究有助于研究灰的结渣特性，进而对预防和减轻煤和污泥混烧的结渣提供指导信息。三种污泥按不同比例掺混得到不同灰熔点，如图 3-6 所示。

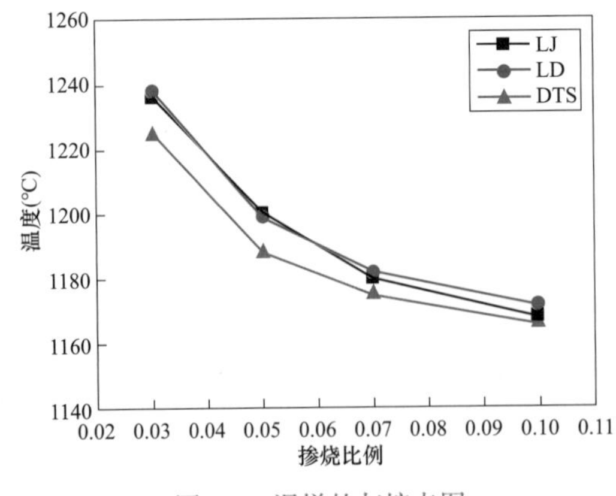

图 3-6　混样的灰熔点图

由图 3-6 可见，煤和污泥掺混条件下，泥煤的灰熔点比煤单样的低，虽然沥滘污泥单样的灰熔点比大坦沙单样的低，但是在和煤掺混后，其混样的灰熔点比大坦沙混样的高；猎德污泥混样和沥滘污泥混样的灰熔点相差不大。这主要是由于不同特性污泥中的矿物组分在污泥与煤混合燃烧时与煤中矿物之间的不同相互作用机制。因此，本实验引入了三元相图分析，X 射线衍射物相分析，热分析方法和灰分重金属检测分析对煤中掺入不同污泥后的矿物质变化进行分析。

1. 三元相图分析（Factsage）

根据表 2-4 中的灰成分数据结果，针对样品中主要的氧化物组成，由于 CaO 和 SiO_2 含量较高，选取了 CaO 和 SiO_2 作为三元相图的固定两种氧化物，Al_2O_3、Fe_2O_3、

MgO、P_2O_5、Na_2O、K_2O 作三元相图，基于此对泥煤不同比例混合物的灰熔特性进行预测，具体如图 3-7 所示。

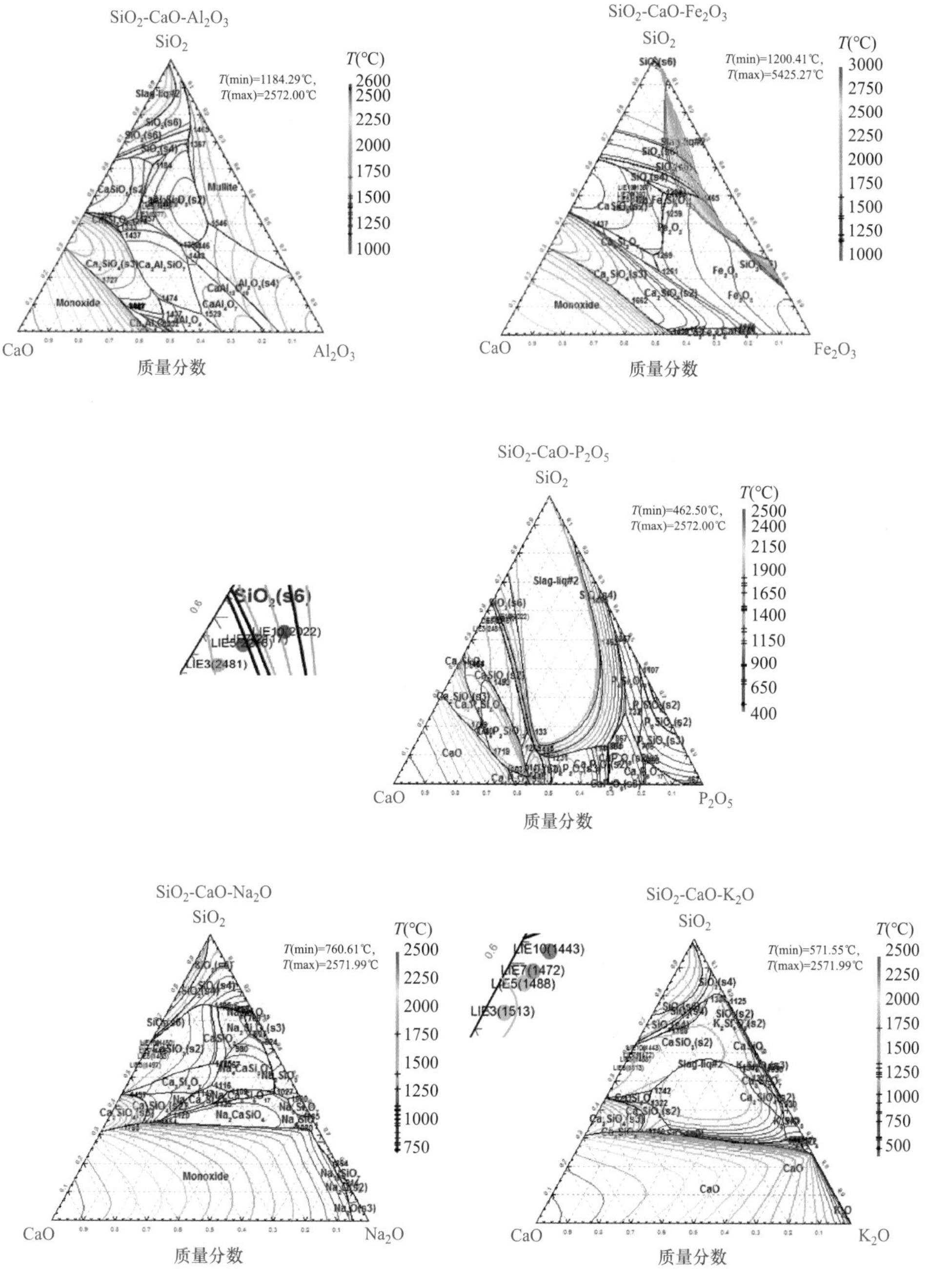

图 3-7　不同氧化物组成的三元相图

根据煤和不同比例污泥混合后主要矿物质的组成成分，在三元相图中标注了四种煤和污泥混样所在的区域。由于三种污泥在六个图中的趋势一致，故选取一种来分析。

SiO_2—CaO—Al_2O_3 和 SiO_2—CaO—Fe_2O_3 可视为四种不同比例混样的主要成分体系，但其灰熔点也会受其他氧化物的影响。在 SiO_2—CaO—Al_2O_3 和 SiO_2—CaO—MgO 图中，混样分别落在 $CaAl_2Si_2O_8$ 和 $CaMgSi_2O_6$ 的区域，除此之外，在其他相图中都是落在 $CaSiO_3$。从三元相图可以看出，在 SiO_2—CaO—Al_2O_3 中，随着混入的污泥含量增加，灰熔点逐渐升高。Fe_2O_3 和 Al_2O_3 的含量相近，在 SiO_2—CaO—Fe_2O_3 中，随着比例的增大，灰熔点逐渐降低。同样地，在其他氧化物形成的三元相图中，随着污泥混入的含量增加，灰熔点都在降低。由于加入污泥的比例没有大幅变化，其氧化物成分含量也相差不大，因此温度没有明显地降低。虽然不同氧化物对灰熔点所起的作用不同，但除了 Al_2O_3 表现为升高，其他的都是降低温度的效果，所以总体表现降低温度，即混入污泥的比例从 3%上升到 10%灰熔点呈现降低的效果。

从图 3-7 中可见，对煤和污泥的混合的灰熔特性的趋势的预测与实际灰熔点的测定数据所呈现的规律基本一致，说明利用三元相图对煤和污泥混样的灰组分分析，能够很好预测污泥和煤混烧的灰熔特性。但是三元相图所预测得出的温度在 1300～1500℃，而实际测得的灰熔点在 1100～1300℃，因为灰样中的成分复杂，氧化物之间可能会发生相互反应，所生成的化合物对灰熔点会有影响，说明利用主要矿物的三元相图不能实现精确预测。因此，本实验进一步对不同特性的混合灰样进行 XRD 分析，研究不同比例污泥中的矿物组分。

2. 灰分物相分析（XRD）

为比较煤与污泥中不同矿物组分在高温条件下的转化行为及相互作用机制，采用 X 射线衍射仪（XRD）分别对煤、污泥及其混样的灰成分进行分析，测定样品在不同比例下灰中矿物组分变化行为。高温下煤灰中的矿物质变化比较复杂，除了发生矿物质熔融外，矿物质之间还会发生反应生成新的物质以及形成低共熔体。这些变化对煤灰化学反应和矿物质传递过程有着重要影响。在煤灰熔融行为中，煤灰中矿物组成及其含量是影响煤灰熔融温度的一个重要因素，必须考虑到不同矿物元素错综复杂的相互作用。

煤和污泥各个比例的样品 XRD 图谱如图 3-8 所示，图谱只截取了各物相的主要衍射段。

结合样品的灰分成分分析结果，三种污泥灰分中主要成分为石英，出峰单一。煤灰中不能检测到明显的石英衍射峰，主要为 $CaSO_4$，还有金属氧化物。石英衍射峰的不出现是由于与灰中碱金属物质反应生成非晶态物质，导致 XRD 检测不出所致。煤中的 SiO_2 在高温的条件下与其他的氧化物生成化合物，其中 $CaSO_4$ 和 CaO 的生成：

$$CaCO_3 \xrightarrow{900℃左右} CaO + CO_2$$

$$2CaO + 2SO_2 + O_2 \longrightarrow 2CaSO_4$$

硫酸钙的生成则主要是因为方解石分解所形成的氧化钙与煤中硫的化合物反应所得。从煤灰的 XRD 图可以看出既有比较尖锐的峰，也有“馒头峰”，晶体对应尖锐的峰，通过看峰宽等来分析结晶度，峰越尖锐，结晶度越好；非晶体对应的是“馒头峰”，无法定性和定量分析。污泥含有一定的磷酸盐，某些含磷物质在 XRD 中无法检测出来，存在两方面的

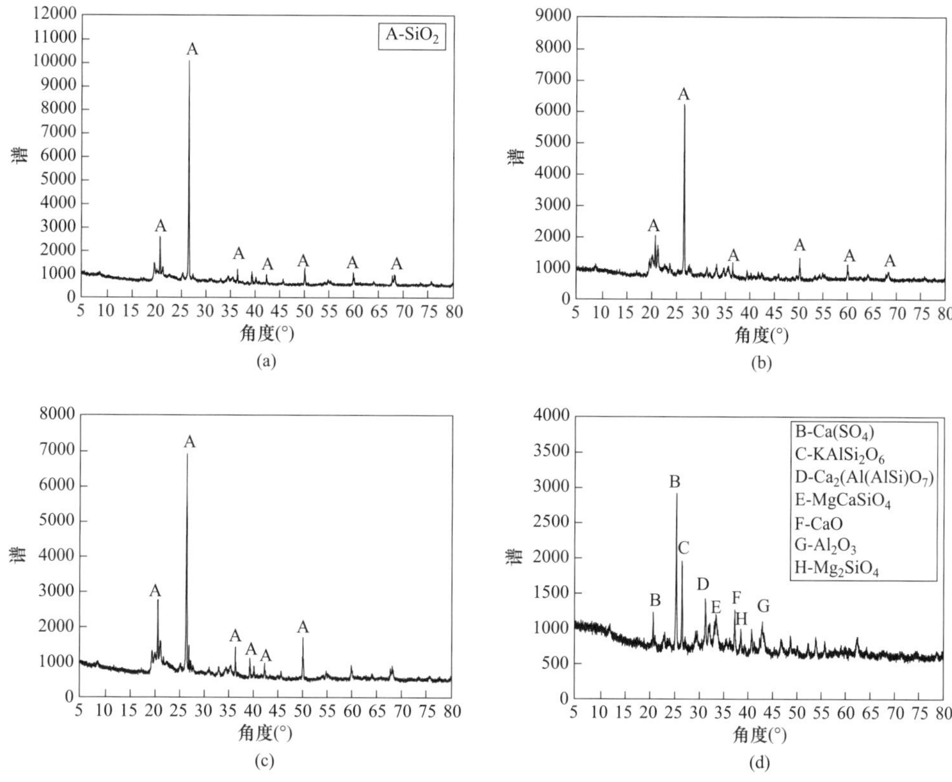

图 3-8 煤和污泥单样灰 XRD 谱图

（a）表示大坦沙单样；（b）表示沥滘污泥单样；

（c）表示猎德污泥单样；（d）表示煤单样

反应，磷既有可能与碱金属反应生成难熔矿物，也有可能以非晶材料形式存在。温度的升高，污泥燃烧后的灰分产生了活跃的碱金属化合物，磷偏向与碱金属反应生成非晶材料。

图 3-9 表示掺混了不同比例猎德污泥的 XRD 谱图。

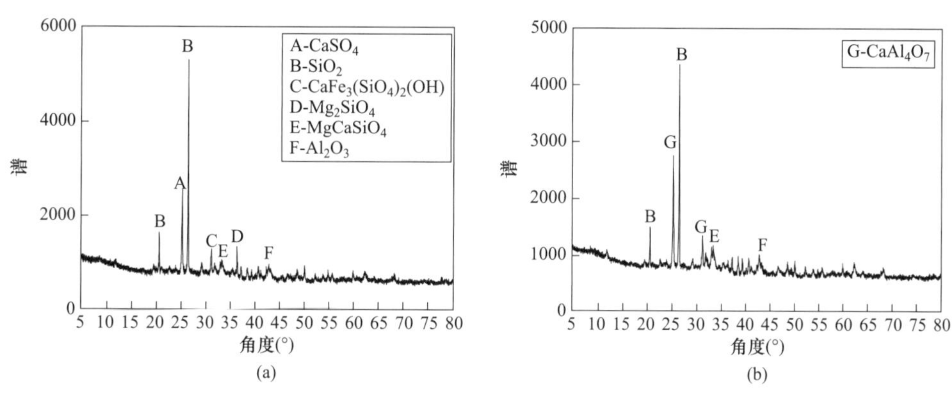

图 3-9 不同比例猎德污泥的 XRD 谱图（一）

（a）表示掺混比例为 10%；（b）表示掺混比例为 7%

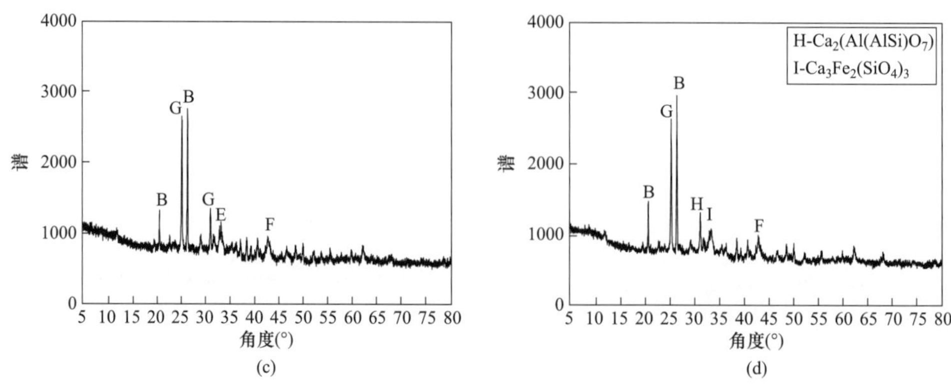

图 3-9　不同比例猎德污泥的 XRD 谱图（二）

（c）表示为 5%掺混比例；（d）表示 3%掺混比例

从图 3-9 中可以看出，污泥与纯煤样的灰渣，由于元素成分不完全相同，在物相也有差别，但污泥中还有大量的 SiO_2，与污泥掺混后的混样主要成分有 SiO_2，大量的钙盐或氧化物，以晶态的方式存在。煤和污泥的灰样除了有大量的 Si 元素还含有 Ca 元素和 Fe 元素；铁的化合物在低温灰中以非晶态形式存在，在高温时逐渐形成晶体物质被检测到，在煤渣和污泥单样灰中未检测到 Fe 元素，但煤和污泥掺混后检测到 Fe 的化合物，这都说明煤与污泥的掺混，可以改变混合样渣的物相。

图 3-10 表示不同比例大坦沙污泥混样的 XRD 谱图。

由于煤和污泥都有大量的 SiO_2，掺混后仍有大量的 SiO_2。煤中含有大量 Ca 元素，因此在不同比例中 Ca 主要还是以 $CaSO_4$ 存在。污泥含有较少的 Mg 元素但煤中的 Mg 含量很高，掺混后与 Si、Ca 元素结合生成不同化合物，但是其出峰不是很明显。煤单样中未检测到铝氧化物存在，但掺混污泥后，物相中出现 Al_2O_3，说明煤与污泥的掺混，可以改变混合样渣的物相。在四种不同掺混比例下，XRD 图的峰宽和峰高没有太明显的变化，其物相基本一样。

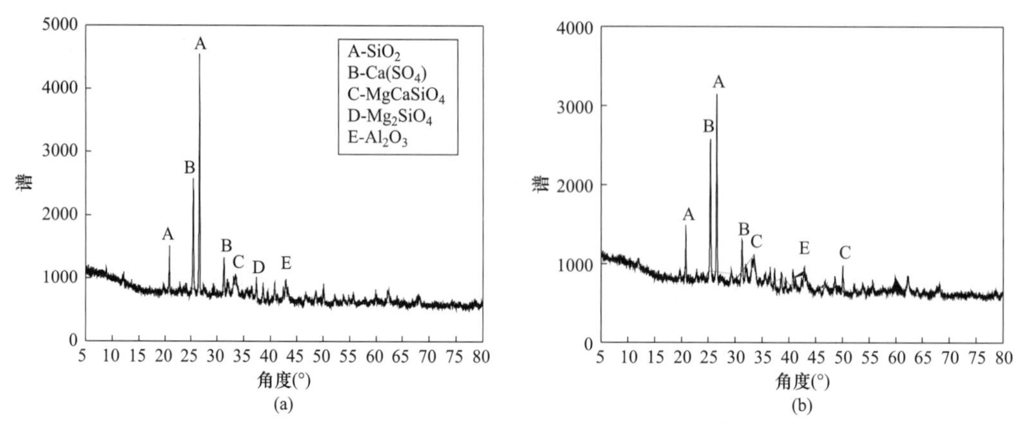

图 3-10　不同比例大坦沙污泥混样的 XRD 谱图（一）

（a）表示掺混比例为 10%；（b）表示掺混比例为 7%

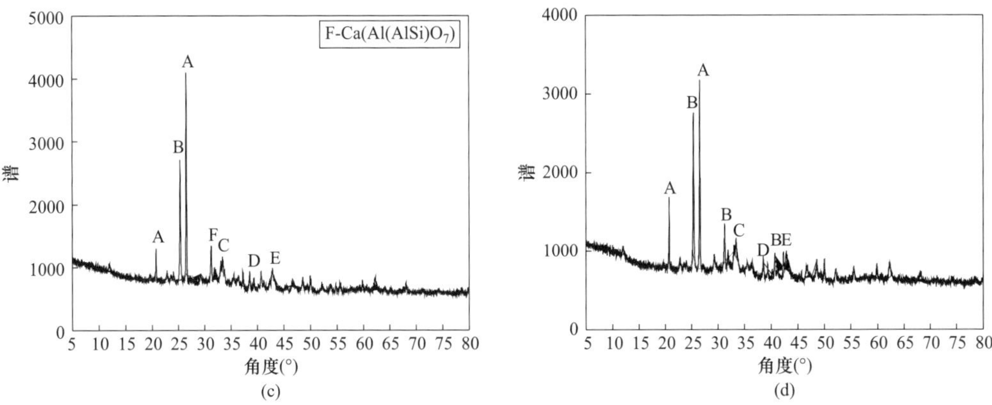

图 3-10　不同比例大坦沙污泥混样的 XRD 谱图（二）

（c）表示为 5%掺混比例；（d）表示 3%掺混比例

图 3-11 表示沥滘污泥混样的 XRD 谱图。

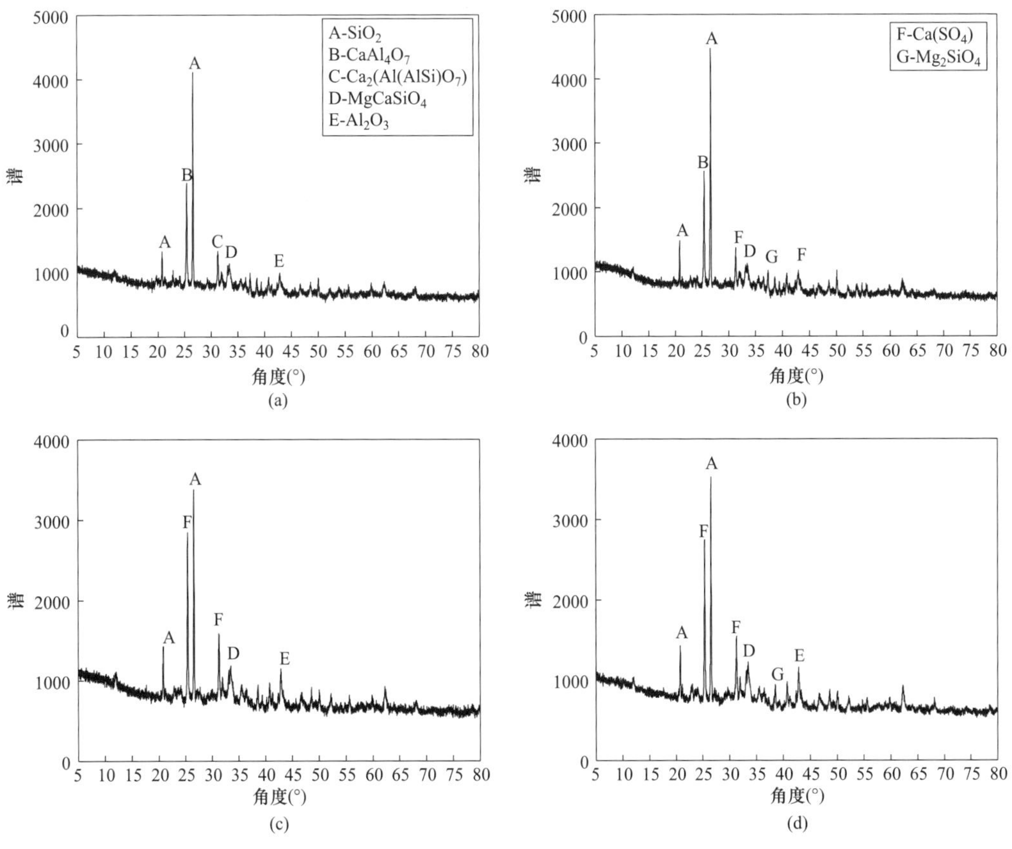

图 3-11　不同比例沥滘污泥混样的 XRD 谱图

（a）表示掺混比例为 10%；（b）表示掺混比例为 7%；

（c）表示掺混比例为 5%；（d）表示掺混比例为 3%

沥滘污泥四个比例中主要成分是 SiO_2，高比例的情况下是 $CaAl_4O_7$，低比例下是

$CaSO_4$，除了 Ca、Al、Si 元素组成的化合物有明显的峰，对于 Mg 等元素虽然可以检测到，但出峰并不明显。

从图 3-8～图 3-11 可以看出，污泥与煤样的掺混，其灰渣结构式样由于掺混比例不同，其物相结构稍有差别，污泥不同，物相结构有区别。

3. 灰成分重金属含量分析（ICP-OES）

污泥是污水处理的副产品，具有高水分、高灰分、高挥发分、低固定碳含量与低热值的特点，含有大量有毒、有害成分。污泥重金属含量较传统的煤炭资源高，焚烧中重金属迁移特性造成二次污染。为此，污泥与煤混烧中重金属的迁移性质及其灰渣的浸出特性研究一直受到国内外关注。

本实验对污泥单样和煤单样以及混样灰分中次量元素和痕量元素进行检测和分析，次量元素包括 K、Na，痕量元素包括 Cr、Cu、Ni、Pb、Zn。灰样用煤的工业分析方法制成，痕量重金属含量检测采用消解后电感耦合等离子光谱仪 ICP 检测方法。测得各样品金属含量如表 3-17 所示。

表 3-17　　各样品金属含量

溶液标签	Cr (mg/kg)	Cu (mg/kg)	Ni (mg/kg)	Pb (mg/kg)	Zn (mg/kg)	K (mg/kg)	Na (mg/kg)
3%LJ	208.33	91.67	80.00	381.67	178.33	7843.33	12123.33
5%LJ	303.33	128.33	88.33	390.00	236.67	9060.00	11073.33
7%LJ	335.00	141.67	70.00	371.67	270.00	9528.33	10575.00
10%LJ	386.67	171.67	70.00	343.33	288.33	9153.33	9701.67
3%LD	113.33	81.67	81.67	378.33	196.67	7835	11563.33
5%LD	116.67	83.33	80	368.33	221.67	7705	10865
7%LD	113.33	110	73.33	370	288.33	9628.33	10506.67
10%LD	126.67	113.33	75	353.33	381.67	10640	9086.67
3%DTS	98.33	71.67	71.67	338.33	171.67	6428.33	10613.33
5%DTS	120	103.33	83.33	380	260	8918.33	10728.33
7%DTS	103.33	105	70	365	303.33	9493.33	9743.33
10%DTS	118.33	130	78.33	361.67	413.33	11228.33	9513.33
Coal	70	60	56.67	335	78.33	4296.67	12536.67
LJ	833.33	295	81.67	248.33	635	9358.33	2073.33
LD	168.33	205	103.33	221.67	838.33	11045	1660
DTS	150	186.67	90	226.67	843.33	10083.33	1285

不同比例污泥和煤掺混的泥煤以及单样的重金属含量通过柱状图表示出来，如图 3-12。图 3-12（a）～（c）表示加入不同比例的沥滘、猎德、大坦沙污泥所测量出来的金属含量。图 3-12（d）表示污泥和煤单样的含量。

由图 3-12 可见：对于 Cr 金属，煤单样的含量较少，猎德、大坦沙污泥次之，沥滘污泥含有较多的 Cr 金属；掺混不同比例沥滘污泥的混样有明显的变化，掺混的量越多，

Cr 金属含量就会越多；猎德、大坦沙混样没有明显的变化。

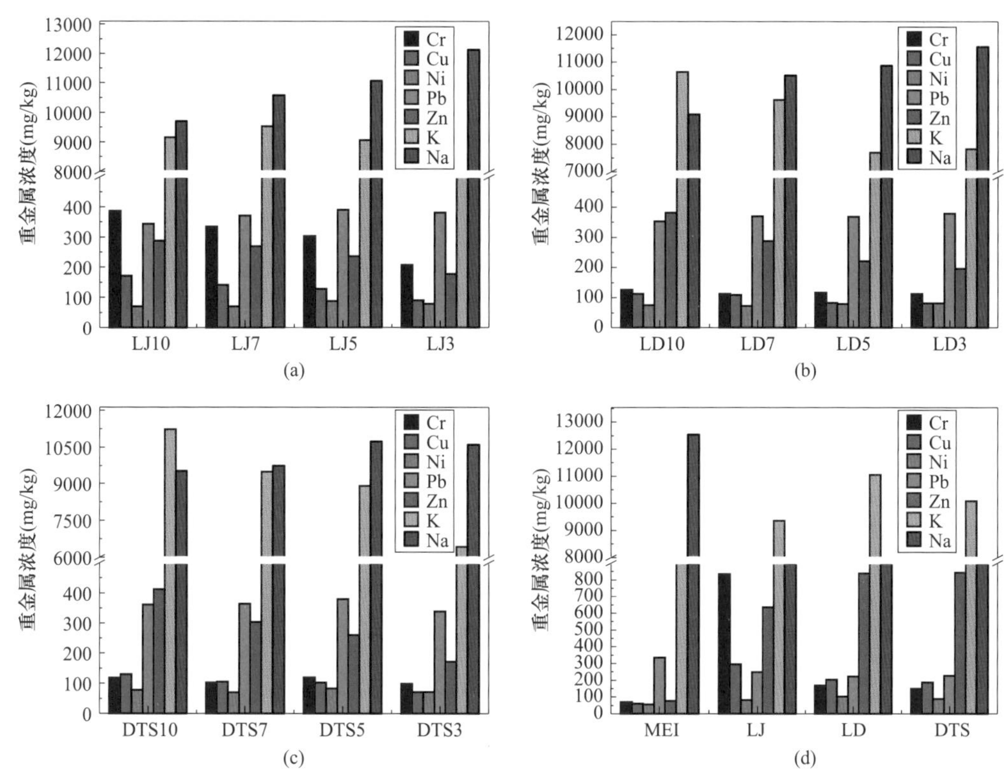

图 3-12　不同混样及单样的金属含量柱状图

对于 Cu 金属，煤单样的含量较少，三种污泥的含量相差不大且含量不多，所以随着比例的增加其含量相应增加，但变化趋势不明显。同样，对于 Ni 金属，煤和污泥单样的含量都极少，所以混合后相对于煤有升高但四个比例没有明显区别。

对于 Pb 金属，煤单样的含量较多，三种污泥的含量相近且少于煤，污泥增加的比例越高，Pb 含量就会变少，由于比例变化不大，因此其变化没有太大的区别。

煤中 Zn 的含量较少，但三种污泥都有较高的含量，特别是猎德、大坦沙，由于污泥和煤单样 Zn 含量相差较大，加入不同比例后会出现明显的变化。加入污泥的量越多，其混样的 Zn 金属含量越高。

对于碱金属，每个样品的含量都很高，煤单样含有大量的 Na 碱金属，K 相对三种污泥来说较少，三种污泥含有较少的 Na。猎德和大坦沙污泥混样的趋势一样，10%的掺混比时 K 含量较高，3%、5%、7%的比例时 Na 的含量较高。

3.4　本　章　小　结

本章进行了污泥与煤灰样灰熔融及结渣特性的研究，主要结论如下：

（1）三种污泥中，猎德污泥的灰熔点（ST）是最高的。对于煤和污泥混样的灰熔点，污泥的掺混量越多，其灰熔点越低，由于三种污泥的灰熔点都比煤的低，因此污泥的掺入降低了煤的灰熔点。高比例的掺混使样品的灰熔点较低，在炉内燃烧较易结渣。

（2）通过灰熔点温度、碱酸比、硅比、SiO_2/Al_2O_3、灰成分综合指数 Ru_1 和 R 指数来判别结渣特性。综合这些指数，煤和污泥混样结渣程度达到中等或严重，也就是混样的灰分较易结渣。

（3）本实验引入了三元相图分析，X 射线衍射物相分析，灰分重金属检测分析对煤中掺入不同污泥后的矿物质变化进行分析。从图 3-7 中可见，对煤和污泥的混合的灰熔特性的趋势的预测与实际灰熔点的测定数据所呈现的规律基本一致，但是三元相图所预测得出的温度比实际测得的温度偏高。结合 XRD，三种污泥灰中主要成分为石英，出峰单一。从 XRD 图可以看出既有比较尖锐的峰，也有“馒头峰”，晶体对应尖锐的峰，通过看峰宽等来分析结晶度，峰越尖锐，结晶度越好；非晶体对应的是“馒头峰”，无法定性和定量分析。污泥与煤样的掺混，其物相结构稍有差别，污泥不同，物相结构有区别。

（4）通过 ICP 检测次量元素和痕量元素，污泥重金属含量较传统的煤炭资源高，加入的污泥越多，相应地重金属会增多，但由于比例相差不大，结果没有明显的变化。

第4章　污泥掺烧安全、环保技术研究

4.1　大比例、长周期污泥对锅炉进行安全性影响分析

4.1.1　燃烧稳定性

稳燃特性指数 G 体现着火后燃烧的稳定情况，稳燃性指数越大则燃料的火焰越稳定。根据稳燃性指数的定义，稳燃特性指数综合考虑了最大燃烧速率、着火温度和 T_{max}。污泥掺烧煤锅炉的燃烧稳定性是采用热重分析法，可以从 TG 图和 DTG 图中得到。

沥滘污泥与煤的单样机混样热重实验结果如图 4-1 所示，可以看出污泥的稳燃特性都不如煤。煤的最大燃烧速率远高于两种污泥，即使煤的着火温度和最大燃烧速率对应的温度也相对较高，但最终计算得到的稳燃特性指数也大于污泥。这也说明煤着火温度高、T_{max} 高、最大燃烧速率高是一种燃烧集中的表现，燃烧的热量释放集中有利于后续燃料的着火燃烧，即稳燃特性好。因为污泥的灰分含量远高于煤，且热值远低于煤，因而污泥在燃烧时释放的热量少且含量较高的灰分吸收部分热量，导致污泥的稳燃特性比煤差。

四种污泥的添加对于煤的燃烧稳定性影响可以由表 4-1 得出。沥滘污泥随着污泥添加量的提高，掺烧物的稳燃性先降低后上升但是变化不是很大，猎德污泥随着污泥添加

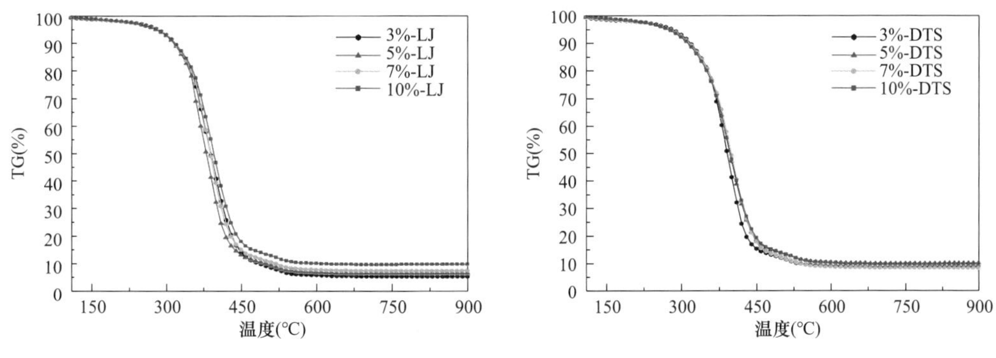

图 4-1　沥滘污泥与煤及其掺混样品（一）

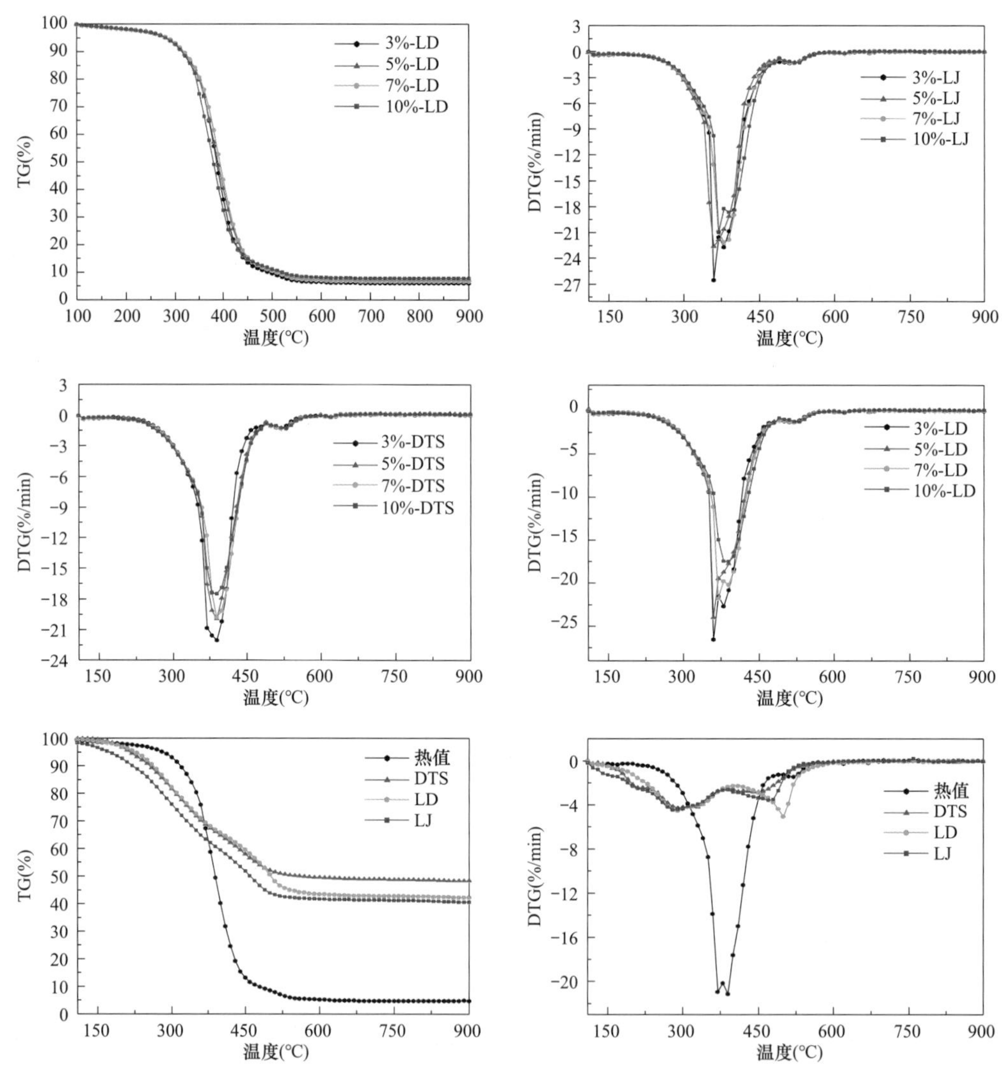

图 4-1　沥滘污泥与煤及其掺混样品（二）

量的增加，掺烧物的稳燃性先降低后上升，与煤单独燃烧对比来说 3%和 10%的猎德污泥掺烧对稳燃性有所改善。大坦沙污泥随着污泥添加量的提高，掺烧物的稳燃性逐渐下降，并且稳燃性都低于煤单独燃烧，所以大坦沙污泥对于掺烧物的稳燃性有害，并逐渐加深。

表 4-1　　污泥与煤及其掺混样品燃烧特性指数

样品名称	T_i(℃)	R_{max}(min^{-1})	T_{max}(℃)	$G\times10^{-5}$($K^{-2}\cdot min^{-1}$)
DTS	205.5	−4.37	296.0	−1.60
LD	232.1	−4.63	289.5	−1.63
LJ	205.7	−4.59	285.1	−1.72
Coal	335.3	−25.22	363.8	−6.51
3%LJ	331.4	−22.13	360.2	−5.78

续表

样品名称	T_i(℃)	R_{max}(min^{-1})	T_{max}(℃)	$G\times10^{-5}$(K^{-2}·min^{-1})
5%LJ	329.2	−26.34	352.5	−6.99
7%LJ	334.2	−24.08	364.3	−6.22
10%LJ	335.8	−21.24	368.9	−5.43
3%LD	334.4	−26.82	360.6	−6.97
5%LD	332.3	−24.06	359.9	−6.28
7%LD	335.9	−21.85	369.7	−5.58
10%LD	325.1	−27.27	347.1	−7.35
3%DTS	324.7	−22.36	384.5	−5.69
5%DTS	343.2	−20.11	387.8	−4.94
7%DTS	346.2	−19.86	391.8	−4.82
10%DTS	334.6	−18.75	374.3	−4.77

研究显示，污泥和煤的混烧表现污泥与煤共同作用的结果，污泥掺烧比例较大时，混合燃烧特性相似于污泥。由于污泥具有高灰分和低热值的特点，掺入污泥后混样的灰分增加、热值下降，导致着火性能明显降低；当污泥和煤混烧比例不大于1∶4时，着火性能略有降低，混合燃烧特性与煤相似，掺混后污泥和煤混合物的燃尽温度较单煤略低，而燃尽时间却较单煤和单泥都缩短。从污泥与煤混烧的整个过程来看，当污泥和煤混烧比不大于1∶4时，混烧的燃烧特性在某些方面优于污泥与煤单独燃烧的结果。

生活污泥的固定碳含量比工业污泥高，与煤的固定碳的协同燃烧作用强，所以掺混生活污泥的混样的稳燃特性比掺混工业污泥的混样好。不同污泥掺混比例混样的稳燃特性指数如图4-2所示，C表示煤，DS表示工业污泥，IS表示生活污泥。

图4-3可以说明升温速率对煤和混样的稳燃特性作用近似，升温速率的增加可以增大混合物的稳燃特性。而生活污泥和工业污泥的（T_i/T_{max}）比值近似为0.85，所以两者稳燃特性指数的差距会随升温速率的增大而增大，即升温速率对两种污泥的稳燃特性作用强度不同。

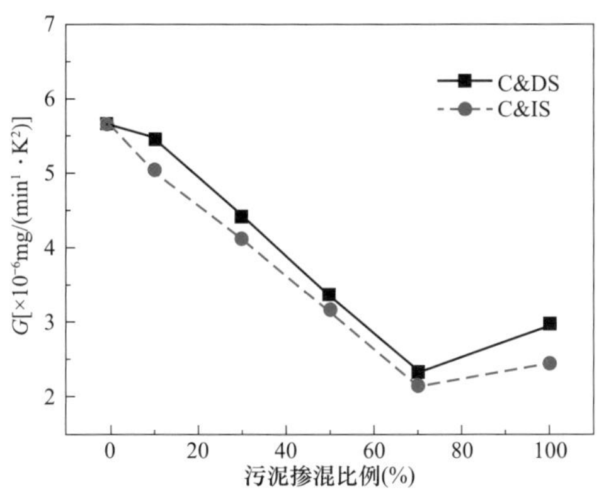

图4-2 不同污泥掺混比例混样的稳燃特性指数

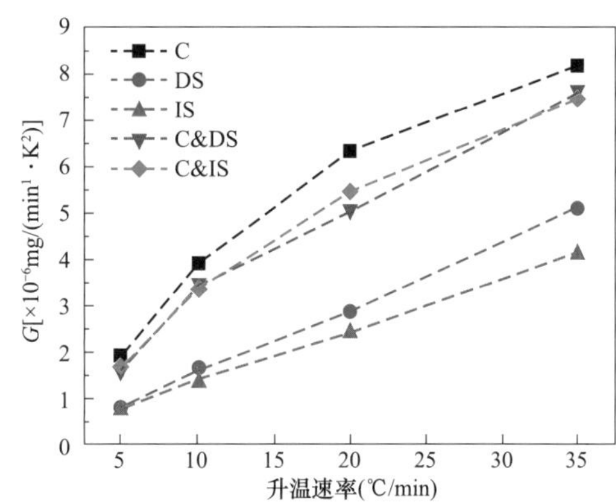

图4-3 样品在不同升温速率下的稳燃特性指数

烟煤掺混污泥燃烧特性参数如表 4-2 所示，对于稳燃指数 G 而言，随着污泥掺混比的增加，可燃性和综合燃烧特性都不断降低，而对于稳燃性，发现掺混比从 0%～40%，指数变化为 2.84×10^{-5}～3.52×10^{-5} 其中，从 10%～20%，稳燃性略有增加。另外，发现掺混比在大于 20%时，三种燃烧指数降低幅度最大，燃尽温度高达 900℃以上，燃尽特性变差，不利于燃料的燃烧，故在电厂掺烧污泥中，建议控制污泥掺混比不高于 20%。

表 4-2　　烟煤掺混污泥燃烧特性参数

参数	T_e(℃)	T_i(℃)	T_h(℃)	T_{ml}(℃)	G [$\times10^{-5}$mg/(min·K^2)]
烟煤	260	420	814	555	3.52
5%	250	414	815	560	3.21
10%	218	411	834	559	3.096
20%	200	415	880	551	3.15
30%	190	414	900	469	2.90
40%	180	406	915	459	2.84
污泥	145	230	932	281	5.47

4.1.2　受热面结焦、磨损和腐蚀

习惯上一般将灰的软化温度（ST）作为灰熔融温度的指标，灰的熔融温度是反映结渣特性的重要指标，对灰熔融温度的研究有助于研究灰的结渣特性。表 4-3 为样品四种温度测量结果。

表 4-3　　样品的四种温度　　(℃)

试样名称	变形温度	软化温度	半球温度	流动温度
热值	1241	1284	1289	1291
3%LJ	1203	1237	1238	1240
5%LJ	1174	1200	1202	1206
7%LJ	1160	1180	1184	1188
10%LJ	1158	1168	1171	1174
LJ	1079	1136	1152	1167
3%LD	1196	1238	1242	1246
5%LD	1175	1199	1208	1210
7%LD	1171	1182	1183	1187
10%LD	1156	1171	1173	1180
LD	1124	1187	1220	1224
3%DTS	1187	1225	1231	1235
5%DTS	1181	1188	1193	1198
7%DTS	1169	1175	1176	1181
10%DTS	1158	1166	1168	1176
DTS	1150	1180	1214	1279

由表 4-3 可以得出污泥的掺混量越多，其灰熔点越低，污泥的掺入降低了煤的灰熔点；混合试样的灰熔点按照线性变化，掺混污泥后的灰熔点比煤单样的灰熔点低，但有的比例会比污泥单样的灰熔点低。高比例的掺混使样品的灰熔点较低，在炉内燃烧较易结渣。

对于煤和污泥混样的灰熔点，污泥的掺混量越多，其灰熔点越低，由于三种污泥的灰熔点都比煤的低，因此污泥的掺入降低了煤的灰熔点。高比例的掺混使样品的灰熔点较低，在炉内燃烧较易结渣。

污泥混烧时烟气的流速会增大，从而对烟气系统造成磨损，而且烟气流速的上升会导致燃烧物在锅炉内的停留时间缩短，停留时间可能会低于 2s，以至于不符合避免二噁英产生的基本条件。曾成才[25] 采用灰熔融测试仪及原子吸收分光光度计研究污泥与烟煤掺烧时灰熔点及重金属的特性规律，结果表明：污泥较烟煤更容易黏结，在掺混范围 0%～30%内，混合物的灰熔点随着污泥掺混比例的增加而显著降低。表 4-4 为不同污泥与煤配比下灰分的特征温度。

表 4-4 不同污泥与煤配比下灰分的特征温度 （℃）

样品	变形温度 DT	软化温度 ST	半球温度 HT	流动温度 FT
山西烟煤	1200	1322	1354	1415
5%印染+烟煤	1185	1242	1277	1329
10%印染+烟煤	1133	1158	1187	1307
15%印染+烟煤	1100	1146	1185	1298
20%印染+烟煤	1093	1123	1172	1293
30%印染+烟煤	1088	1120	1150	1165
40%印染+烟煤	1085	1118	1131	1161
印染污泥	1070	1110	1128	1156

其中，从 10%～20%，稳燃性略有增加。另外，发现掺混比在大于 20%时，三种燃烧指数降低幅度最大，燃尽温度高达 900℃以上，燃尽特性变差，不利于燃料的燃烧，故在电厂掺烧污泥中，建议控制污泥掺混比不高于 20%。

相对于烟煤而言，污泥的 ST 较小，因此比较容易黏结。掺混污泥比例从 0%～20%，混合样的软化温度从 1322℃降低为 1123℃，降低了 199℃，而当掺混比例从 20%增加至 40%，软化温度仅仅降低 2℃，表明随着掺烧比例的增加，混合样的灰熔点下降趋势变得平缓，当掺混比达到 20%以上，软化温度仅有微小下降，这是因为硫在煤灰中起到降低熔融温度的作用。从降低混样灰熔点角度而言，建议控制掺混比不高于 20%。煤粉炉温度较高，当掺混比为 5%，燃料软化温度为 1242℃，对于电厂锅炉温度为 1300℃左右的煤粉炉，容易发生结渣，因此要控制掺混比在 5%以内。

4.1.3 污泥掺烧对锅炉效率的影响

根据华润南沙电厂的现场试验数据，如表 4-5 所示。

表 4-5　　锅炉效率测试主要结果

名称	单位	来源	工况 1	工况 2	工况 3	工况 4
试验污泥掺烧比率	—	—	40%含水率，3%掺烧比率	40%含水率，6%掺烧比率	40%含水率，8%掺烧比率	40%含水率，10%掺烧比率
机组负荷	MW	分散控制系统（DCS）	250	250	250	250
A 侧飞灰可燃物	%	实测	0.59	0.57	0.27	1.89
B 侧飞灰可燃物	%	实测	0.25	0.54	0.27	2.1
炉渣可燃物	%	实测	2.21	1.68	1.12	2.08
排烟氧量	%	实测	5.10	5.20	5.20	5.25
排烟温度		实测	148.48	148.91	148.85	150.2
排烟热损失	%	计算	6.425	6.463	6.493	6.557
化学不完全燃烧损失	%	计算	0.003	0.003	0.003	0.003
固体不完全燃烧损失	%	计算	0.054	0.077	0.047	0.307
设计散热损失	%	设计值	0.19	0.19	0.19	0.19
灰渣物理热损失	%	计算	0.044	0.057	0.065	0.075
输入系统的外来热量	—	计算	0.374	0.384	0.391	0.398
锅炉热效率	%	计算	93.66	93.59	93.54	93.27

随着污泥掺烧比率增加，不同指标呈现不同的趋势。飞灰和炉渣可燃物含量先下降后上升，均在掺烧比率为 8%时达到最小值 0.27%（飞灰）和 1.12%（炉渣），四个比例下可燃物含量均满足《生活垃圾焚烧污染控制标准》（GB 18485—2014）中的相关规定；排烟温度由 148.48℃上升至 150.2℃，升高了 0.72℃，排烟损失由 6.425%上升至 6.557%，升高了 0.132%；固体不完全燃烧损失由 0.054%增加至 0.307%，升高了 0.253%；灰渣污泥损失由 0.044%上升至 0.075%，升高了 0.031%；锅炉热效率由 93.66%下降至 93.27%，下降了 0.39%。

掺烧污泥对锅炉效率的影响主要来自排烟热损失、固体热损失和灰渣物理热损失。污泥的水分高达 40%，掺烧后增大了燃料的水分含量，使烟气量增加，进而导致排烟温度升高；污泥的灰分也远高于煤，掺烧后使得灰分增加，导致灰渣物理热损失增大。

4.2　大比例、长周期污泥掺烧对锅炉主要附属系统的影响分析

刘永付[19] 等人针对某电厂 300MW 燃煤锅炉污泥干化焚烧处置工程，对污泥干化系统及污泥掺烧对煤粉炉的影响展开了试验研究。通过对比掺入污泥后混合燃料和设计煤种的各组分特性，分析了污泥掺烧对原煤粉锅炉运行的影响，结果表明，在污泥掺烧比例低于 3%时，对煤粉炉的实际运行无明显影响。下面讨论污泥掺烧对锅炉附属设备的影响。

4.2.1　污泥掺烧对空气预热器的影响

当煤中添加污泥，焚烧后烟气中有害污染物浓度会增加，比如污泥中 N 元素的含量高于煤，导致所排放的烟气的燃料型 NO_x 比添加前浓度高。同理，污泥中 S 元素浓度高，导致 SO_x 的浓度增加。

对于空气预热器，污泥掺烧会增加酸蒸汽与水蒸气的含量，从而加重空气预热器的低温腐蚀。同时腐蚀也加重积灰，使烟道阻力增加。堵灰影响传热，使排烟温度升高，严重时还将影响到锅炉安全和经济运行。黏聚积灰很难通过吹灰器进行清除，需要停炉清理。

为了防止低温腐蚀和黏聚性积灰，最有效的办法是提高空气预热器壁温，现场中常使用的方法是提高空气预热器入口的空气温度，例如采用暖风器或热风再循环装置将空气温度适当提高后，再进入空气预热器。NO_x 和 SO_x 这些物质在后期可以依靠电厂现有的烟气净化装置去除。

4.2.2　污泥掺烧对输灰系统的影响及应对措施

污泥灰分含量比煤高，增加污泥的掺烧比例会增加炉渣和飞灰的生成量，从而造成输灰系统负载加大。

首先是设备及管材的磨损问题和进料、排料门的密封问题。气力输灰系统在输送中物料沿管道流动其初速较低，末速较高，而末端的输送压力较低，始端的压力较高。气力输送中进料、排料门的密封性非常重要，否则漏气、返灰或气化不成功造成输送堵管。为此，同时考虑到大型设备的经济性，可通过在特殊关键部位使用特殊的耐磨材料来解决这个问题。

其次是对于输灰系统料位计的准确性问题。仓泵在正常工作中有一个重要的依据即料位状态，根据设计工艺要求，料位到达高位时应反馈信号到系统进入排料阶段，低位则应反馈信号使系统进入进料阶段，这就要求料位计准确、可靠，否则程控系统自动输送失败。在实际应用中料位计准确、可靠性极差，只能依靠 PLC 延时固定时间进行输送、进料，导致污染、系统产量低。

再次是控制气源及输送耗气问题。气力输灰系统输送用气的压力、流量及空气品质对输送特性有很大影响，压缩空气需经过滤、干燥，气量应留有一定的富余量。在料位计问题中，以上已提到因料位计准确性问题而改用时间控制，由于输送、进料时间与气压、来灰量、设备运行工况相关，该时间不能科学确定，修改又较麻烦，因而在一定程度上造成灰未进满而输送，使灰气比大大降低，从而耗气量加大。因此，料位计的可靠性问题也是影响耗气量的一大因素。

仪用控制气源由于考虑到影响机组的安全运行，最初控制气源（气动阀控制用气）与输送气源采用同一路气源，在输送中因耗气量大，压力下降导致气动门开、关缓慢，不到位，影响正常操作，因此在设备完善时所有气动装置均引用厂仪用气[6]。

4.2.3 污泥掺烧对湿法石灰石脱硫系统的影响及分析

陈月庆[26] 在对热电厂污泥焚烧炉研究及实例分析中，对烟气净化系统做了简要论述。烟气净化系统由炉内脱硫（如图 4-4 所示）和布袋除尘两大部分组成。

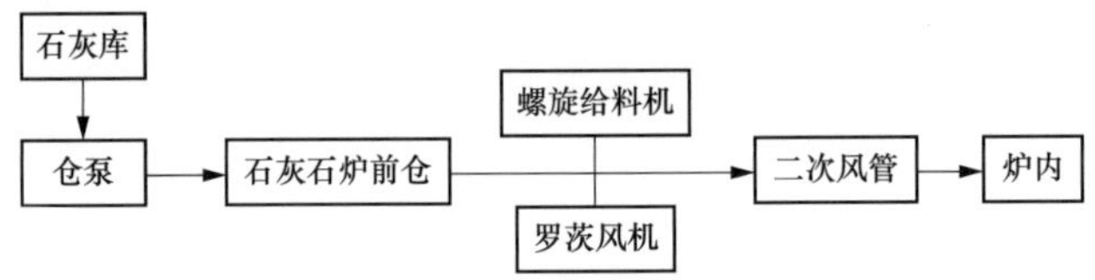

图 4-4 炉内脱硫工艺流程

在 75t/h 流化床锅炉内掺烧少量的污泥，当污泥添加量 2.5t/h 时，污泥焚烧后产生的烟气量约占总烟气量的 10%。烟气成分中的酸性气体含量略有增高，只要调节一下石灰石的加入量即可达到中和过量酸性气体的目的。

由于湿污泥的加入烟气中的蒸汽含量增大，降低了烟气露点温度，同时烟气温度波动相对较大，原有 PPS 滤料布袋很难在这种恶劣工况下正常工作。因此将原有的耐酸性、耐高温能力较差 PPS 材质的布袋更换为纤维熔点高，低摩擦性，抗氧化腐蚀，使用寿命长的 PTFE 材质的布袋滤料。

4.3 污泥掺烧对锅炉副产品利用的影响分析

我国是以煤炭为主要能源的国家，电力的 76%由煤炭产生，燃煤产生的燃煤灰渣量巨大，2015 年全国燃煤灰渣总量超过了 6 亿 t，估计累计堆存量超 40 亿 t。燃煤灰渣的建材资源化是解决燃煤灰渣堆放占地和环境污染等课题的重要途径之一，其中 58%的粉煤灰用于水泥与混凝土生产中。燃煤灰渣作为混凝土掺合料能一定程度上改善混凝土性能，如改善新拌混凝土的流动性、黏聚性、保水性、可泵性，提高混凝土的强度和耐久性等，同时还能降低混凝土的成本和提高绿色化程度。

随着全国煤资源的短缺，以及城市污水排放量和处理率逐年提高，污泥产量开始急剧增加，这就使得越来越多的燃煤电厂开始转向掺混一定量的污泥进行焚烧发电。但是污泥的灰渣中重金属含量很高，而且拥有很大的孔隙表面积，势必会对原有的纯煤渣利用带来一定的影响。

污泥焚烧所产生的焚烧灰具有较好的吸水性、凝固性，与粉煤灰的性质相差不大。国外也有将污泥燃烧产物作为水泥原料进行利用的应用实例，同时掺烧比例不大，污泥燃烧后的灰在总灰量中占比很小，对粉煤灰的品性质基本没有影响，因此掺烧市政污泥对粉煤灰的综合利用影响不大。

考虑到污泥中含有较多的金属物质，不同性质的污泥，其重金属含量相差很远，污泥中的重金属主要有 Cu、Cd、Cr、Mn、Pb、Hg 和 Zn 等。污泥的重金属主要以氧化物、氢氧化物、硅酸盐、有机络合物等形式存在，其次为硫化物。掺入锅炉燃煤中燃烧后，除 Hg 外使绝大部分重金属保留在焚烧残渣中，因此必须对掺烧后的飞灰进行检验，观察重金属含量是否超标。

根据有关文献，污泥煤灰平均粒径较大，大于 2mm 的颗粒比率为 36.5%。

(1) 在抗剪强度方面，在垂直压力为 50kPa 的情况下，原生污泥的抗剪强度仅为 39.24，而污泥煤灰和污泥灰渣的抗剪强度则分别达 80.03kPa 和 76.23kPa，也就是说在污泥掺烧的灰渣中，抗剪强度比起煤渣会有所下降。

(2) 在渗透系数的对比中，污泥灰渣最为疏松，透水效果较高；而污泥煤灰的颗粒更为致密，颗粒间的空隙更小，从而透水性较差。所以，当污泥掺烧比例较大时，灰渣的物理结构会变得较为疏松，透水性增加。

(3) 在重要的压缩固结性质的对比分析中，可知污泥灰渣和污泥煤灰近似于中压缩土，而原生污泥则趋近于高压缩土。即污泥经焚烧处理后，压缩固结性质会较原生污泥有所降低。其中随着污泥掺烧比例增加，灰渣的压缩系数变小，可压缩性能变差。

(4) 关于灰渣中的重金属含量，大部分重金属含量均为污泥灰渣大于污泥煤灰。这是由于煤炭和污泥共燃烧过程更倾向于生成 Ca—Fe—Al—Si 或 Ca—Fe—P—Al—Si 组分的烟气颗粒物，这种颗粒物粒径通常大于 10μm，而且表面具有一定的黏性。因此，相比不加煤污泥的燃烧，加煤燃烧产生的颗粒物能够捕获更多重金属离子使得重金属离子由底灰向烟气中转移，因此残留在加煤底灰中的重金属含量会较不加煤底灰中的含量低。但总的来说，掺烧了污泥的燃料，Zn、Cd、Cr、Cu 重金属的含量均会增加。

污泥焚烧灰含有 Al_2O_3、SiO_2、CaO 等，同时具有部分活性，可用于建材行业，主要进行硅酸盐烧土制品的生产，或烧制水泥熟料等。也能够作为水泥混合材而不对水泥性能造成负面影响，不仅经济性好，而且可以提高污泥焚烧灰的利用率。所以，掺烧污泥的煤灰在再利用方面还是可以实现的。但据文献表明：

(1) 污泥灰代替砂掺入混凝土中，降低了混凝土的抗压强度，且随着污泥灰含量越大，抗压强度越小。

(2) 混凝土抗折强度也随着污泥灰的掺入有所降低，且随着污泥灰掺入量的增大不断减小。

(3) 污泥灰代替砂的掺入量控制在 10%以内时，对混凝土的抗压强度影响不大。试验结果显示，使用合理的材料配比，污泥灰混凝土可以应用于某些混凝土抗压构件中。

4.4 污泥的掺入对输煤系统的影响

随着我国经济和社会的快速发展，固体废弃物处理处置研究正逐步深入。由于城市化进程的加快和污水处理率不断提高，对环境极易造成重大危害的污泥正大量地增长，由于环境和土地资源的限制，污泥减量和无害化处理日益紧迫。在诸多的污泥处理方法中，污泥掺烧发电技术越来越受到人们的关注。许多电厂都开始掺烧一定量的污泥来缓解煤矿的压力，来实现既可回收废物资源，又可以减少污泥对环境的危害的环保目标，实行可持续发展战略。为之带来的就是，电厂煤质和煤种的悄然变化。

然而，由于污泥的流动特性与煤矿的流动特性有所不同，而燃料的流变特性将会对输煤系统带来一定的影响，因此在掺烧污泥的锅炉中，有必要对污泥流动特性及其与掺配对混合物流动特性的影响进行定性研究，并根据结果，定性分析其对输煤系统的影响。

根据相关文献，城市脱水污泥的特点是浓度高、颗粒细、黏度高、流动性差，含有大量的纤维，为絮状胶体结构，不易脱水，含水率80%以上，属于均匀高固多相流体的范畴，具有一定的发热量。传统污泥输送方式都是输送方式，例如：利用卡车运输或者船舶运输，这些敞开式运输难免会给城市交通和环境带来一定的影响，而采用管道输送不仅可以避免二次污染，减少运行成本，还可以将混合、搅拌和打散等一些污泥处理中所需要的环节融合在一起，有利于实现后续的污泥处理，这样的运输方式几乎克服了传统运输方式的全部弊病。利用管道运输煤泥进入锅炉进行燃烧也已经开始使用，并取得不错的成效。影响污泥的管道流动主要因素就是污泥的流变特性，所以应熟悉地掌握污泥的流变特性，在污泥的管道运输、搅拌及污泥的热交换等流动传热传质过程中，进行有效的设备选型和工艺设计。

另外，研究表明：

(1) 城市脱水污泥属于非牛顿流体，随着剪切速率的增加，黏度值呈下降趋势，即提高剪切速率可以达到降低黏度的目的。

(2) 在污泥的管道运输过程中，污泥的黏度和浓度对其影响很大，当污泥质量分数小于2.38%时，其运输效果最好，质量分数越高黏性越大阻力就越大，升温可以减小运输阻力。

(3) 多种因素对污泥驱动压力有影响，尤其是流速和管径，压降与流量和管道长度也有一定的关系。

污泥特性主要体现在：污泥由尺寸分散的固体颗粒、水分和含在其中的气体组成，其实质是多相体。当含水率低时为散粒体，其流动特性接近于粉体；当含水率高时为浆体，其流动特性接近于流体。当含水率为60%～70%时，呈现固态和液态之间的特性，具有流动性又因内摩擦力存在自成堆积角，所以往往在出料口附近容易出现起拱现象，从而影响物料的卸出，破坏输送的连续性。污泥的成分复杂，含有多种有机相和无机相物质，且易产生甲烷等有害气体。

根据污泥的这些性质，当污泥与煤混掺可能对输煤系统造成以下影响：

(1) 干化后的全干污泥含水率在5%左右，颗粒度在1～3mm，含沙率大于或等于24%（远高于设计要求的5%）。由于含沙率较高对输送系统产生了严重的磨损，新设备安装后约两周到一个月时间，输送机壳、料仓的主要接触面就被磨穿，导致污泥溢出。严重影响了物料输送的操作，加大了溢出物料的清理工作，同时造成严重的环境污染。

（2）L形刮板污泥输送系统的布置不尽合理，在实际运行过程中，垂直转角处产生物料堆积，影响正常的物料输送，造成输送阻力加大，运行超载，除造成电力使用增加外，还造成严重的设备磨损，严重时将斗提机完全堵死，多次造成斗提机链条拉断的现象，严重影响了生产的正常运行。另外水平刮板机不能有效地保证干污泥与石灰物料的均匀混合，物料进焚烧炉膛后直接影响炉膛温度的控制。

（3）星形卸料器。星形卸料阀由带有数片叶片的转子叶轮、壳体、减速机及密封件组成。在操作的过程中应该达到卸料均匀不卡灰。在对石灰物料卸料的过程中，由于石灰在常温下易吸收空气中的水分而形成氢氧化钙胶体结构，吸收空气中的二氧化碳而硬化，极易在星形卸料器中板结，从腔壁开始逐渐形成星形卸料阀的堵塞，不但造成卸料阻力增大、设备磨损，而且严重影响石灰的卸料工作。

另外，污泥的掺入也会带来燃料的发热量、灰分、水分的变化，对于这些改变的影响，胡延年[27] 通过严谨的实验得出以下的结论：

（1）发热量的变化对输煤系统的影响。在同样的锅炉负荷情况下，煤的发热量降低，则耗煤量必然增大，即入仓煤量增加。卸船机、斗轮机、输煤皮带等设备都会因耗煤量增加而延长作业时间。

（2）煤中灰分的变化对输煤系统的影响。煤中灰分是衡量煤质好坏的重要标志。灰分按其来源及在可燃质中的分布状态，分为内在灰分和外在灰分，内在灰分是指煤的形成过程中，已经存在的矿物质，数量很少，占总灰分的1%～20%，外在灰分是指在开采、运输和存储时混入的矿物质，颗粒较大，分布极不均匀，数量多，占总灰分的大部分。某厂实际用的平三煤其干燥基灰分 A 高达27.04%，高于常灰分指标值24.0%，为中灰分煤，平二煤的灰分明显比平三煤低，除澳煤和俄煤这两种进口煤灰分比较低外，其他煤种就灰分含量而言在17.75%～20.8%区域内，灰分含量比较接近，都属常灰分煤。

对动力用煤来说，灰分总是无益的成分，增加了输煤系统的负担。煤的灰分越高，煤的发热量也就越低。根据经验推算，煤的灰分每增加10%，其发热量减少0.2～0.4MJ/kg。煤中矿物质的相对密度约为可燃物质相对密度的两倍，矿物质越多则原煤的密度也越大，随着煤的灰分增加，输送同容积的原煤，会使输煤设备超负荷运行，造成输煤系统设备磨损的增加，且灰分较大的煤种，一般质地坚硬，破碎困难，磨损设备，增加输煤设备尤其是输煤皮带的检修和更换工作量。有电厂曾做过试验，燃用原煤的A由39%增大至52%时，发热量下降24%，输送和制备煤量增加31%，检修工作量、材料和劳动力增大。

（3）煤的水分变化对输煤系统的影响。煤的水分越高，无形中增加原煤的总量，而收到基低位发热量降低。煤燃烧时，由于水分蒸发将会带走大量的潜热（汽化潜热）从而降低了煤的热能利用率，增加了燃煤的消耗量。燃煤所含的水分，一部分称为内在水分或固有水分，即在大气状态下风干后的吸附水分，它随煤的化学成分的增加而减少；另一部分称为外在水分，即燃煤表面及颗粒之间所保持的水分，它随外界环境而有较大的变动。外水受环境、湿度等影响很大，内水和外水在实际测定中难以严格区分。

工业分析方法测定的内水，一般只作为基准换算的参数。这里对各种煤的内水不作详细分析。外水的多少与煤的性质无关，主要取决于外界条件，如大气温度、湿度等，因而它不是个固定值。如果是卸船作业过程中因暴雨或抓斗抓破船舱舱壁后压舱水大量渗入原煤中造成“煤水混合物”则更无可比性。

其次，煤中水分很大，在输煤过程中，会产生自流，给上煤造成困难，严重时会中止上煤，影响生产。因为燃煤的水分增加，原煤的松散性逐渐恶化，各种故障率增加，易引起设备黏煤、堵煤（包括落煤筒积煤）、皮带跑偏、过载、打滑，碎煤机黏煤其他辅助系统堵煤。对于烟煤，外在水分超过 8%～10%，就会造成输煤、给煤系统运行中的麻烦；如水分超过 12%～15%，就会严重影响运行的可靠性。且煤中水分大，在严冷的冬季，会使来煤和煤场存煤冻结，同样严重影响卸煤和供煤。相反，煤中水分很少时，会引起卸船和进仓作业过程中煤尘浓度过大，造成环境污染，影响员工的身体健康。

（4）煤的挥发分和含硫量对输煤系统的影响。试验室测定的硫为全硫。硫含量小于 1%为低硫煤，硫含量大于 1%且小于 3%为中高硫煤。对电力用煤而言硫分是极其有害的杂质，煤中硫按存在状态可分为无机硫和有机硫两种，对焦化、气化和燃烧都会带来极不利的影响。尽管挥发分和含硫量对输煤系统没有明显的影响，但是运行中煤的挥发分和硫分大量增加时，应特别注意防爆和煤的自燃。因为挥发分高的煤种，燃点较低，硫的燃点也低，容易自燃。另外，高硫煤尤其是含黄铁矿多的煤还会因为硬度大，对输煤部件和输煤管道造成磨损。

对应的措施是，当灰分和水分增加引起煤质变化时，可以考虑采用技术改进的方法，如采用增大皮带速度、加宽皮带、增加槽角等方法以提高皮带出力。煤控需合理利用场存增加存煤面积，码头合理利有有效作业时间、间接增大卸船机的出力，以满足锅炉燃煤的需要量。

因此，对于不同的煤质和煤种的运行，包括煤控和码头，应加强应对煤质差时运行方式的学习，重点做好防爆和防煤的自燃工作。例如，对挥发分较高的原煤积存一段时间后将产生自燃，原煤自燃后，将会烧坏输煤设备附近的设施甚至烧毁输煤皮带、烧断输煤栈桥等。因此，输煤皮带应定期进行轮换、试验。应经常清扫输煤系统、辅助设备、电缆排架等各处的积粉，输煤皮带停止运行期间，运行人员也应坚持巡视检查，发现积煤、积粉应及时清理。卸船或进仓作业结束后，输煤皮带停运前，要将皮带上的煤全部放空，确保皮带上不留积煤。当发现输煤皮带上有带火种的煤时，应立即停止皮带运行，并查明原因，及时清除，必要时切换皮带系统。另外，煤水分太高时，可以考虑暂时停止卸船线或进仓线的喷水系统。

4.5　污泥大比例均匀掺配的方法和系统研究

污泥具有典型的高挥发分、高灰分、低固定碳、低热值的特点，煤粉的燃烧过程中起主要作用的是固定碳的燃烧，而污泥燃烧过程中，高挥发分的析出和燃烧起主要作用。污泥与煤掺烧过程中随着污泥掺烧比例的增加，对于掺烧后的结果影响就越大。由于污泥掺配后的原煤煤质会有所下降，主要表现在水分增加，热值降低。对于煤粉锅炉来说，掺烧比例主要取决于污泥干化后的水分和原煤发热量。经过多次试验掺配，综合得出以下结论：

（1）原煤的发热量在4000～4500kcal/kg，干化后的污泥水分在30%～40%，则掺烧比例不宜超过30%。

（2）原煤发热量超过4000kcal/kg，而污泥水分低于20%，则掺烧比例可提高到35%。

（3）原煤发热量低于4000kcal/kg，而污泥水分高于20%，则掺烧比例不宜超过25%。

在燃煤电厂煤粉炉中进行掺烧污泥，首先污泥必须干化到一定的含水率，同时需要其达到所要求的细度；另外掺烧污泥后对整个燃烧过程带来的影响，对锅炉设备造成的影响以及掺烧过程中污染物质的控制等问题都是值得注意的。污泥含水量越多热值越低（如表4-6所示），由污水处理厂所产的污泥一般是经过离心式或板压式干化工艺处理后运出；焚烧时，如果污泥含水过多，所能提供的热值就非常少了。要让污泥焚烧利用，必须先将污泥干化到较低的含水率。

表4-6　　含水率与热值

含水率（%）	热值（kJ/kg）
90	−227
80	132
70	491
60	849
50	1207
40	1566
30	1925
20	2283
10	2642
0	3000

如果污泥的含水量较大对机组设备会有不同程度的损害，主要表现为：污泥的灰分比一般的煤种大，干基的灰分可达40%～50%，这样就会增加对水冷壁的冲刷磨损；污泥含水率过大会同煤粉过湿的效果相同可能会导致磨煤系统堵塞，严重时可能造成跳机

事件；由于污泥热值低，在锅炉低负荷运行时，也有可能因为其燃烧性能不好导致锅炉熄火等。

炉膛平均温度随污泥掺混比例的增加而降低，燃烧剧烈程度及火焰充满度越来越差，原因主要是污泥热值较低、含有大量水分、燃烧特性较差，严重影响了煤粉在循环流化床中的稳定燃烧。在大比例掺烧时为了保证燃烧效果以及燃烧的稳定性，尽可能地控制污泥的含水率，使污泥的含水率控制在20%左右，并且对于原煤的品质也有更高的要求。

污泥由尺寸分散的固体颗粒、水分和含在其中的气体组成，其实质是多相体。当含水率低时为散粒体，其流动特性接近于粉体。干化后的全干污泥含水率在5%左右，颗粒度在1～3mm，含沙率大于或等于24%（远高于设计要求的5%），由于含沙率较高对输送系统产生了严重的磨损。污泥中水分很大，在输煤过程中，会产生自流，给上煤造成困难，严重时会中止上煤，影响生产。因为污泥中的水分增加，掺混物的松散性逐渐恶化，各种故障率增加，易引起设备黏煤、堵煤（包括落煤筒积煤）、皮带跑偏、过载、打滑，碎煤机黏煤其他辅助系统堵煤等。当灰分和水分增加引起掺混物变化时，可以考虑采用技术改进的方法，如采用增大皮带速度、加宽皮带、增加槽角等方法以提高皮带出力。

污泥中灰分指在一定温度下污泥完全燃烧后形成的固体残留物，其主要成分与污泥来源有关，灰分主要成分是重金属元素，生活污水污泥常见的10种重金属有锌、铜、铅、铬、镉、镍、汞、砷、硼、钾。不同来源、不同种类或不同地域的污泥灰分，其组成和含量不尽相同，一般来说，生活污水污泥的灰分含量要比工业污水污泥灰分含量高，但工业污泥中重金属含量要明显高于生活污泥。工业分析成分如表4-7所示，灰分占52.86%。污泥的灰分含量较高，有效成分较少，灰分越高产气量越少，灰渣量越大，灰渣中碳含量越大，碳转化率越低，灰渣中重金属含量越高，而且拥有很大的孔隙表面积，势必会对原有的纯煤渣利用带来一定的影响。污泥与煤燃烧过程中灰分特性是产生受热面腐蚀、结渣、积灰和磨损的重要原因。

表4-7　　工业分析成分（干基污泥）

参数（%）	数值
灰分	52.86
挥发分	43.15
固定碳	2.32

灰的输运量与燃料的特性和燃烧过程有关，而污泥颗粒燃烧后产生的灰粒较小，灰粒的大小决定灰是否能被静电除尘器捕获，微小颗粒的飞灰很难被捕获而进入烟气，使得烟气中的飞灰浓度高于预期的混烧烟气飞灰浓度。结果，导致污泥中大部分重金属颗粒随烟气排入大气。飞灰的增加和烟气中重金属含量的增加使混烧后对大气污染严重。所以对于烟气监测装置会有更高的要求，不仅是对脱硝、脱硫方面，对于各种重金属的

含量也需要更加精确的监测，以及对于烟气以及飞灰的后处理，需要更加精密的仪器对于飞灰进行处理，以除掉颗粒更加微小的重金属颗粒。

对于锅炉来说，燃烧过程所需要的空气量是个很重要的设计与运行参数，空气里的取值与燃料的特性有关，如果燃料的成分发生改变，那么炉膛燃烧所需要的空气量也要发生改变，一般煤粉炉的炉膛出口过量空气系数为 1.15～1.25，空气量的改变影响烟气量的大小，如图 4-5 所示为单位质量的燃料燃烧所需要的理论空气量，当煤中添加 30%的污泥时，所需的空气量降低 20%。煤粉的燃烧过程中起主要作用的是固定碳的燃烧，而污泥在燃烧过程中，其高挥发分的析出和燃烧起主要作用。

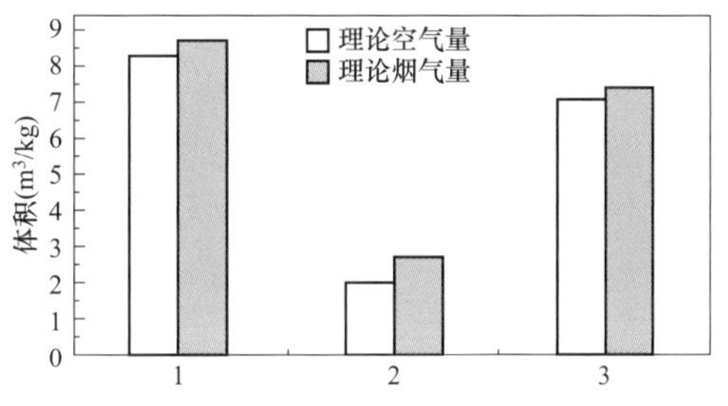

图 4-5　煤和污泥燃烧所需的理论空气量和烟气量

随着污泥掺烧质量分数的增大，烟气量逐渐增加，烟气流速增大。以下级空气预热器为例，随着污泥掺烧质量分数的增大，烟气流速和空气流速均增大（如图 4-6 所示）。当掺烧湿污泥质量分数由 0%增大到 80%时，烟气流速由 5m/s 增大为 7m/s，空气流速由 13m/s 增大为 15m/s。对流受热面烟气流速的选择既与受热面的传热强度有关，又与烟气侧流阻和受热面的磨损积灰有关。提高烟气流速会加强传热，减少受热面积，从而节省钢材，但却会增大流阻，加剧受热面的磨损。研究表明，管子磨损量与烟气流速的 3.1～3.5 次方成正比。因此，烟气流速增大后需要密切关注对流受热面的磨损问题．空气流速和烟气流速均增大，烟风系统的阻力也会增大。为此，对循环流化床锅炉系统的烟风阻力进行了计算。

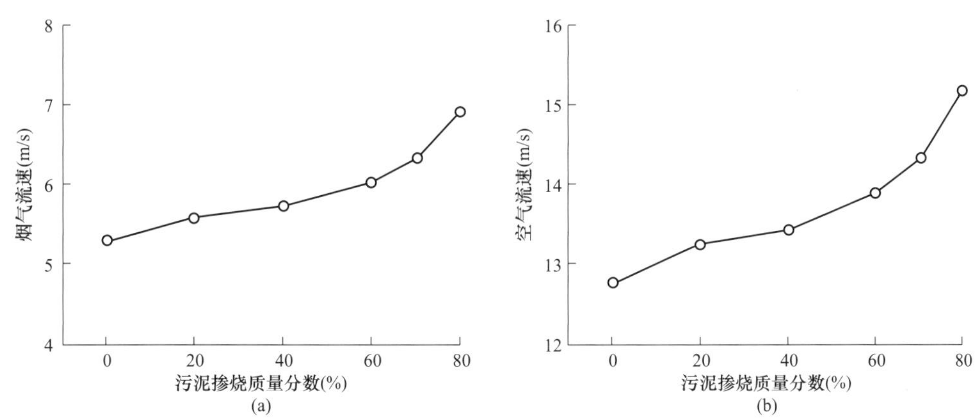

图 4-6　污泥掺烧质量分数对下级空气预热器烟气流速和空气流速的影响

（a）烟气流速；（b）空气流速

当污泥掺烧质量分数由 0%增大至 80%时，一次风空气侧阻力、二次风空气侧阻力和烟气侧阻力的增大率分别为 3%、21.4%和 17.8%，变化幅度均较大。当污泥掺烧质量分数超过40%时，3种阻力明显增大，这对一次风机、二次风机和引风机的改造提出了相应的要求，对该锅炉的相关设备进行校核计算，并提出了改造方案：

（1）增大喷水减温系统的设计负荷。

（2）锅炉燃用低挥发分的无烟煤或贫煤时，污泥掺烧质量分数应控制在40%以内。

（3）针对飞灰量和飞灰质量浓度的增加，应提高吹灰频率，减轻对流受热面积灰，并密切关注受热面磨损问题。

（4）增加入炉干化污泥破碎系统，以提高干化污泥燃尽程度。

4.6 污泥掺配初步技术经济分析

4.6.1 燃煤电厂掺烧污泥技术现状

近年来，在国际上利用热电厂循环流化床锅炉将污泥与煤混烧已逐渐成为重要的污泥处置方式，其典型工艺流程如图4-7所示。含水率80%左右的污泥经喷嘴喷入炉膛，迅速与大量炽热床料混合后干燥燃烧，随烟气流出炉膛的床料在旋风分离器中与烟气分离，分离出来的颗粒再次送回炉膛循环利用，炉膛内传热和传质过程得到强化。炉膛内温度能均匀地保持在850℃左右，由旋风分离器分离出的烟气引入锅炉尾部烟道，对布置在尾部烟道中的过热器、省煤器和空气预热器中的工质进行加热，从空气预热器出口流出的烟气经除尘净化后，由引风机排入烟囱，排向大气。

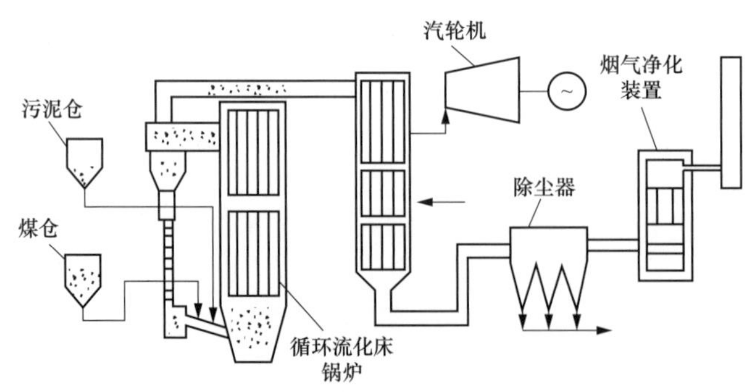

图4-7 典型燃煤电厂掺烧污泥工艺流程

在我国也有工程应用污泥与煤混燃发电处置污泥的实例。常州广源热电有限公司利用3台75t/h的循环流化床锅炉处理含水率为85%污泥180～225t/天，该工程投资由焚烧锅炉本体防磨喷涂改造和新建污泥储存、输送系统两个部分组成，投资总额120万元，每吨污泥的混烧处理成本为106元。

这种处理方式在经济和技术上的可行性备受关注和争议：①污泥的含水率和添加率对焚烧锅炉的热效率有很大影响。污泥含水率越高，热值越低，含水率80%的污泥对发电的热贡献率很低，为保证良好的掺烧效果，其掺烧的量不能很大，否则会对电厂的运

行造成不良影响。②污泥是一种污染物，需要满足相关标准所规定的热氧化环境，其焚烧处理所需的过量空气系数大于燃煤，因此污泥掺烧会导致电厂烟气排量大，热损失大，锅炉热效率降低。③污泥掺入还会影响锅炉的焚烧效果。由于掺烧工况下烟气流速会增大，对烟气系统造成磨损，烟气流速的上升会导致燃烧颗粒炉内停留时间缩短，可能产生停留时间小于 2s 的工况，不符合避免二噁英产生的基本条件。④掺烧对锅炉的尾气排放也会带来较大影响。由于污泥具有较高浓度的污染物（如汞浓度约为等质量燃煤的数十倍），焚烧后烟气中有害污染物浓度明显增加，但由于烟气量大幅度增加，烟气中污染物被稀释，其浓度可能低于非掺烧烟气污染物的浓度，目前无法严格合理地界定并控制排入大气的污染物浓度。

相比于建立独立的垃圾焚烧厂而言，基于已有的煤粉燃烧装置（例如煤粉炉）和污染物净化回收装置上进行合理的改造来实现污泥与煤的混合燃烧，具有以下优势：

（1）投资小。污泥焚烧炉及尾气净化系统等设备价格昂贵，国外一套日处理 1000t 的污泥焚烧系统需要投资 6.7 亿元。

（2）建设周期短。根据污泥掺烧的需要，在燃煤电厂的基础上进行相应的改造，建设周期比建立独立的污泥焚烧处理厂要短得多。

（3）低运输成本。污水污泥含水率高，体积庞大，并且城市污水处理厂分散性大，通过建立单独的焚烧厂集中燃烧，运输费用很高。如果利用现有的燃煤电厂就近处理污泥，可减少运输成本。

（4）运行成本低。污泥含水率高、热值低，必须吸收大量的热能后才能燃烧，需要消耗大量的常规能源。目前国内单独焚烧 1t 污泥的成本，上海需要 160 元，江苏需要 200 元。燃煤电厂掺烧污泥，不仅可以大大提高城市污泥的处理能力，同时还利用了污泥的热值进行发电或供热，其飞灰产物还在某些条件下还可以作为副产品出售，因此可以带来显著的经济效益和环保效益。

（5）改善稳定性。污泥与煤混合燃烧可提高污泥的热值，改善了污泥和煤混烧过程中的稳定性。

（6）抑制有害气体。污泥中的碱性成分可抑制煤燃烧过程中氮氧化物、硫氧化物等有毒有害气体的排放，减轻对大气造成的环境污染。

现阶段我国污泥处理处置尚无更加经济有效的运行方式，为防止污泥无序弃置，污染生态环境，在有条件的地区，利用电厂循环流化床锅炉掺烧一定比例的城市污水厂污泥是比较经济可行的。

4.6.2　污泥掺烧经济性计算分析

通过干燥后的污泥，均具有较高的热值一般在 1800～2000kcal/kg 之间，接近于褐煤的发热量，相当于烟煤的 1/3 热值，因此，可以将干化后的污泥看作是一种低热值高挥发分燃料。因此，将干化后的污泥作为辅助燃料，可降低原煤的使用量。

以广州市某污水处理厂的出厂污泥为例，含水率为77.22%时，低位热值115.89kJ/kg时，按30万机组锅炉效率92%折算，污泥低位热值为125.96kJ/kg，此外污泥与原煤比，其水分、灰分增加在50%左右，按锅炉排烟温度150℃计算，污泥比原煤增加的水分、灰分所带走的热损失为320kJ/kg，在厂用电、维修保养费用、人工、折旧等还没有算的情况下已经为负热值，因此污泥含水率77.22%时，其经济性为负值，在无任何补贴时无利用价值。

当污泥含水率30%时，扣除排烟损失、制粉电耗、锅炉效率损耗，扣除每吨污泥干化用汽热值为1148160kJ，以每天污泥的干化量为1000t，每小时用干化蒸汽15t计算，即1148.16kJ/kg。所剩余可发电热值为4455.8kJ/kg，按原煤热值为20000kJ/kg折算，污泥含水率30%时4.49t为1t原煤，如以每5%的比例污泥掺烧，两台30万MW机组按每小时200t原煤计算，每小时可节约2.23t原煤。

当污泥含水率20%时，扣除排烟损失、制粉电耗、锅炉效率损耗，扣除每吨污泥干化用汽热值为1148160kJ，以每天污泥的干化量为1000t，每小时用干化蒸汽15t计算，即1148.16kJ/kg。所剩余可发电热值为5089.03kJ/kg，按原煤热值为20000kJ/kg折算，污泥含水率20%时3.93t为1t原煤，如以每5%的比例污泥掺烧，两台30万MW机组按每小时200t原煤计算，每小时可节约2.545t原煤。

吴越等[26] 通过测试常州市广源热电有限公司4个锅炉掺烧不同污泥量的工况，对炉膛温度、热效率、耗煤量进行综合分析。当不掺烧污泥时，锅炉的主要参数：75t/h，最高点床温975℃，热效率95.1%，燃煤热值22885kJ/kg。掺烧污泥后，污泥量的增加使减温幅度增加，热效率降低，耗煤、耗电量增加，但不影响锅炉蒸汽产量。万伟泳[27]以1t/h的污泥焚烧量为例（设计焚烧量为24t/h），证明了同样的结论：排烟温度由145.6℃上升至166.3℃，上升幅度为20.7℃；烟气量增大9%，烟气侧阻力增加200Pa，引风机电耗增加18kWh，污泥系统耗电量为11kWh；为保证原有蒸发量多耗煤0.054t/h，热效率下降2.5%，需增加煤耗54kg，电耗29kWh，经测算污泥焚烧直接运行成本为63元/t。

根据相关文献可知，通过LCA方法构建直接干化-掺烧和间接干化-掺烧系统边界，可获得能耗及排放清单。在干化-掺烧运行阶段，能耗主要来自运行所需的电耗和煤耗，而电耗和煤耗取决于干化水分量的大小。在资源耗竭分析中，煤炭消耗是资源消耗的主体，经过加权后的资源消耗，煤炭的消耗依然为主体部分。

假设燃煤量为55.51t/h，由于三种污泥样品的硫含量为0，掺烧后S的排放并不增加脱硫压力及脱硫成本。此外，有相关研究以污泥与煤的比例为1∶4为例，对比锅炉掺烧污泥与未掺烧污泥两种情况下氮氧化物的排放情况，表明刚掺烧时NO_x的浓度增加比较明显，随着掺烧时间的逐渐延长，NO_x的浓度开始下降直至最终与未掺烧污泥的NO_x浓度变化趋于一致。在整个掺烧过程中NO_x的平均浓度增加了7.4mg/m^3，相当于未掺烧时的3.6%，增加得很少。同时掺烧整个过程排放的NO_x平均含量为211.55mg/m^3，可以看出污泥（40%）与煤按1∶4进行掺烧时对烟气中NO_x的浓度影响不大，完全符合国标的规定限值。对于NO的浓度变化，刚掺烧时NO的浓度增加比较明显，随着掺烧时间逐渐延长，NO的浓度迅速下降到一定量后逐渐上升，最后与未掺烧污泥时NO的浓度变化趋于一致。在整个掺烧过程中NO的平均浓度增加了0.9mg/m^3，相当于未掺烧时的0.7%，增加得非常少甚至可以忽略，同时整个掺烧过程中排放的NO平均含量为114.74mg/m^3，完全符合相关国家标准中规定的限值。可以得出污泥（40%）与煤按1∶4进行掺烧时对烟气中NO的浓度几乎无影响。因此，在此经济估算分析中暂不考虑脱硫脱硝部分的增加成本。各方案的成本估算以煤耗成本增加估算为主体，如表4-8所示。

表4-8 各方案煤耗成本增加估算

方案	LJ				LD				DTS			
	3%	5%	7%	10%	3%	5%	7%	10%	3%	5%	7%	10%
煤耗增量[g/(kWh)]	4.975	7.055	8.998	8.844	1.627	3.037	7.628	3.778	4.543	8.119	8.025	10.064
费用增量(元/h)	1510.5	2142.0	2731.7	2685.2	493.8	922.2	2315.8	1147.1	1379.2	2464.9	2436.3	3055.3

由表4-8可知，在掺烧三种不同污泥的方案对比中，掺烧猎德污泥（LD）的煤耗成本增加最少，掺烧沥滘污泥（LJ）和大坦沙污泥（DTS）的煤耗增量基本一致。在不同的掺烧比例对比中，三种污泥的掺烧的煤耗增量基本随着掺烧比例的增加而增加，比例为3%时，费用增量均最少。

4.7 污泥掺烧对机组煤种适应性影响初步分析

4.7.1 污泥掺烧对锅炉运行的影响

热电厂污泥掺烧的优点为无须对原锅炉系统进行较大改造，节省费用，但需对原有燃煤系统、烟气净化系统等的影响加以考虑。

有研究发现，煤中掺入3.84%污泥后，炉膛出口温度变化不到3℃，当煤中掺入2.38%污泥时，炉膛温度变化只有1.5℃，不会影响炉内燃烧的稳定性。煤中掺入3.84%污泥后烟气流量变化不大，排烟温度上升0.9℃，锅炉热效率下降了0.4%，变化幅度不大。故加入3.84%的污泥，即每天处理500t污泥，对原有锅炉的运行参数产生的影响较小。

此外，在污泥干化到低于30%的含水率时，对原锅炉的运行影响不大。污泥进入磨煤机后，磨煤机对燃料仍有部分干燥效果，同时经过试验研究，①当污泥干化为含水率30%时，单台炉中污泥占总燃料比例将达13%以上，对原有锅炉的影响较大。②当污泥干化到含水率为20%时，污泥具有一定的硬度，形态呈颗粒状，有利于污泥的研磨。③当污泥干化到含水率为10%时，由于污泥中水分主要剩下毛细水，干化消耗的能量更大；污泥呈粉末状，不利于污泥的输送；容易飘浮在空中产生自燃。故建议选择将污泥干燥到含水率 20%后送入锅炉焚烧。有关于污泥对受热面的磨损研究分析指出，煤中掺入污泥后，低温省煤器区域烟气流速有所上升，同时含灰浓度上升，会增加对流受热面的磨损，但变化不大。

4.7.2 污泥掺烧的灰渣特性

由于煤和污泥的内部结构不同，污泥与煤的特性参数相差较大。煤是古代植物经过复杂的地质变化形成的化石燃料，结构非常稳定，固定碳含量高，热值大。污泥结构与煤的结构不同，污泥中的固体以胶质状态存在，这种状态具有很强的水亲和力，所以导致污泥样品中的全水分的含量非常高，污泥中的水分可以分为表面吸附水、间隙水分、毛细结合水、内部结合水。表面吸附水是由于颗粒表面张力所吸附的水分。这部分水通过脱水和浓缩等方法不能去除，约占污泥总水分的 7%。间隙水分指污泥内部大小颗粒之间缝隙中存在的水分，这部分水分占总水分的 70%左右，可以通过浓缩将这一部分的水分去除。在细小颗粒表面或颗粒之间的空隙中由于毛细力的作用而形成的结合水叫作毛细结合水，这部分水分占到污泥总水分的 20%左右，这部分水分去除需要较多的能量和较高的机械作用。内部结合水是污泥中存在的微生物细胞内存在的水分，大约占总水分的 3%。污泥中的灰分含量过高将会影响到混合物的灰渣熔融特性，另外污泥中的可燃物组成中挥发分占主导，固定碳含量较低，直接导致污泥的各项燃烧特性与单煤的燃烧特性相差较大。

屈会格[30] 通过实验测试了随着污泥的掺混比例的增加混合物灰渣熔融特性的变化，试样煤种来源于广东某电厂，电厂用煤比较多样，即澳洲动力煤（澳洲煤）、石炭-2 号煤（石炭-2）、印尼低灰熔点动力煤（印尼低）、印尼高灰熔点动力煤（印尼高）、平煤混合动力煤（平混煤）。污泥取样来源于虎门某污水处理厂，该污水处理厂的污水来源比较多，既有生活污水也有工业废水。结果如图 4-8～图 4-10 所示。

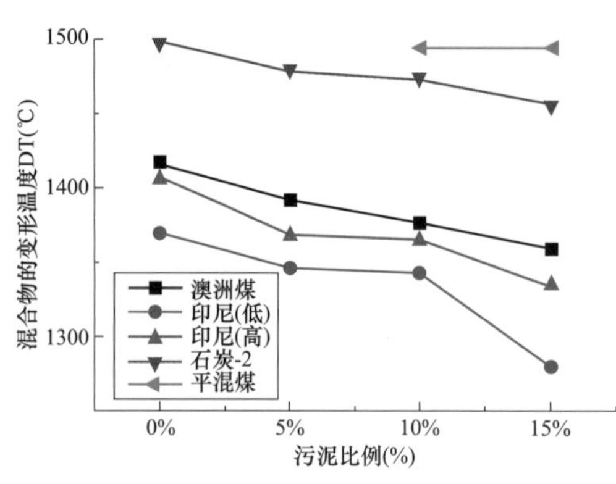

图 4-8　混合物变形温度（DT）的变化趋势

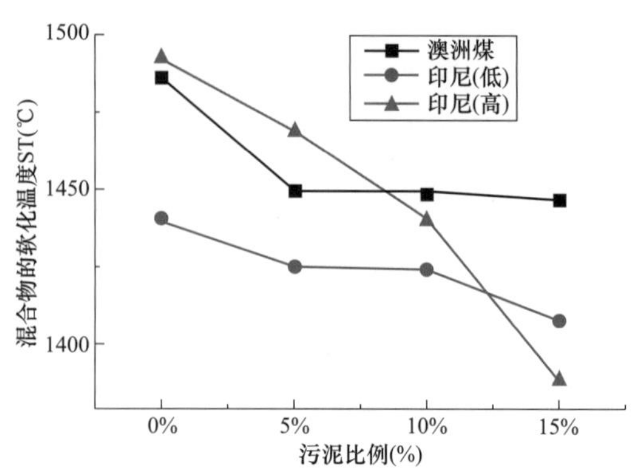

图 4-9　混合物软化温度（ST）的变化趋势

李波[31] 利用焚烧炉对不同含水率的污泥（30%、40%、50%）与煤在不同的掺比

（1∶1、1∶3、1∶4、1∶5）条件下进行焚烧试验，结果表明随着污泥和煤的比例的不断增大，炉腔温度不断降低。同时在污泥和煤的不同比例时维持在 400℃以上的时间纯煤、1∶1、1∶3、1∶4、1∶5 分别大约为 95、70、60、37min，由此可以看出污泥和煤的比例超过 1∶4 时，维持在 400℃的时间大幅降低，此时要维持炉温在 400℃时需要更多的额外能耗。所以在进行掺烧时，污泥和煤的比例应低于 25%。不同掺烧比例条件下锅炉温度随时间的变化如图 4-11 所示。

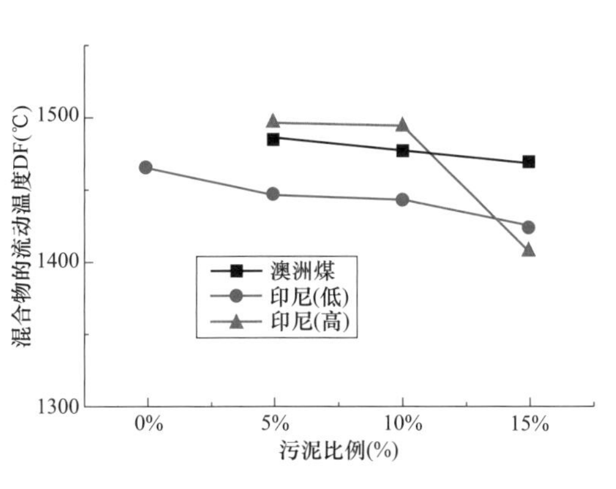

图 4-10　混合物流动温度（FT）的变化趋势

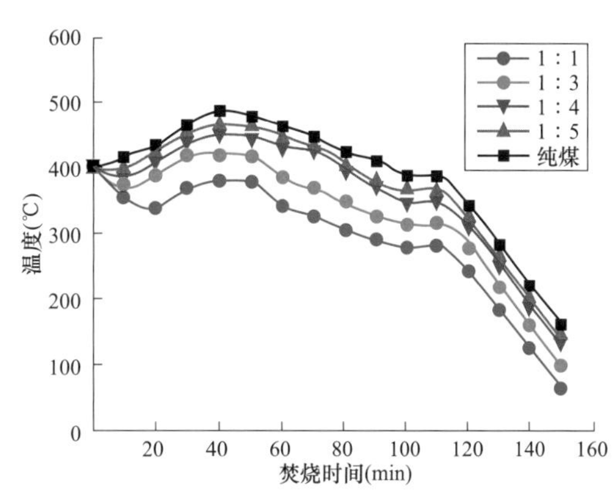

图 4-11　不同掺烧比例条件下锅炉温度随时间的变化

残渣中挥发分、灰分和剩余热值变化如图 4-12 和图 4-13 所示，结果表明随着污泥和煤的比例的不断增大，焚烧后残渣的灰分越大而挥发分含量越小，同时灰分含量均低于纯煤燃烧后残渣的灰分、挥发分均低于纯煤燃烧后的灰分。当污泥和煤的比例增加到 1∶3、1∶1 时，这种变化更加明显，灰分明显降低同时挥发分显著增加。这说明污泥和煤进行掺烧时，污泥所占的比例越小，焚烧效果越好。对于剩余热值，污泥和煤进行掺

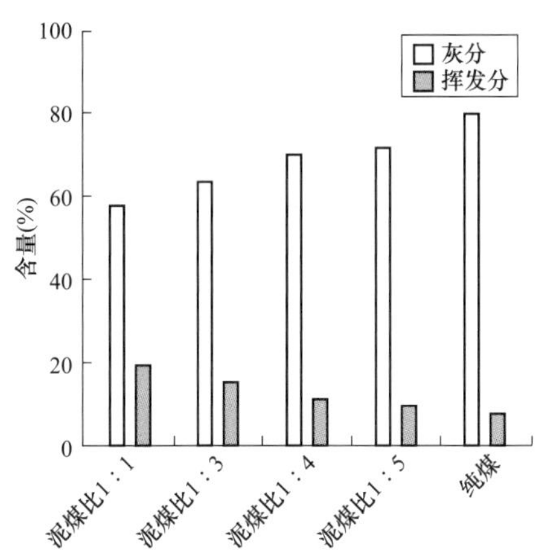

图 4-12　不同比例掺烧后残渣中的污泥挥发分和灰分的含量

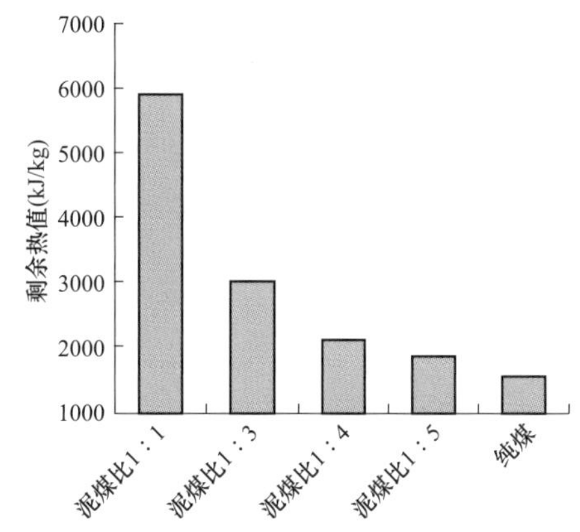

图 4-13　不同比例污泥和煤进行掺烧后残渣中剩余热值的含量

烧时，泥煤比越大污泥的剩余热值越大，当泥煤比超过 1∶4，污泥的剩余热值显著增加。当泥煤比为 1∶1 时，剩余热值很大，说明燃烧效率很不理想。从经济角度来考虑，污泥和煤进行掺烧时，经济掺烧比为 1∶4 较为合适。

此外，研究表明添加了污泥锅炉产汽量相对于未添加时有所减少，一开始是减少比较大但一段时间后有所提高且趋向于稳定。按污泥和燃煤比为 1∶4 添加的污泥量对锅炉的主汽温度并无太大的影响，不会影响锅炉的炉膛温度和焚烧效果。

4.7.3 污泥掺烧的烟气污染物分析

污泥掺入电厂干煤棚内进入锅炉焚烧，可能对原锅炉系统产生的污染物影响主要包括 SO_2、NO_x、烟尘、HCl、重金属和二噁英等。但由于掺烧重量比例较低，对原锅炉系统的尾气净化和排放影响较小。

邱天[32] 等在日处理量为 5t 的流化床实验台上进行了实际热态焚烧试验，得出了污泥作为燃料的特性和流化床焚烧时的床温分布，指出由于污泥水分的析出，挥发分释放与燃烧使得稀相区温度高于密相区，污泥焦粒的孔隙结构有利于固定碳的燃烧。邓文义[33] 等采用鼓泡式流化床焚烧炉对造纸污泥与煤进行焚烧处理，研究了干燥焚烧系统的污染物排放，以及焚烧过程中煤的混烧对污染物排放的影响，发现混煤燃烧后常规污染物和二噁英的排放浓度均显著降低，燃烧飞灰重金属渗滤液检测浓度均低于国家标准。

有研究针对污泥和各煤种的混合物燃烧污染物的排放指出，平混煤与污泥混合物的 NO_x 排放呈现一定的规律，单煤燃烧时 NO_x 的排放量为 500mg/m^3 左右时，SO_2 的排放量约为 1080mg/m^3，当污泥的掺混比例增加到 5%时，NO_x 和 SO_2 的排放量略微降低，但是降低的幅度不大，基本上可以视为不变。当污泥的掺混的比例增加到 10%时，NO_x 和 SO_2 的排放量陡增。污泥的比例增加至 15%时，NO_x 排放量基本上与 10%比例时一致，而 SO_2 的排放量有所减少。澳洲煤与污泥混合物的呈现的排放规律有所不同，单煤燃烧时 NO_x 的排放量为 500mg/m^3 左右，SO_2 的排放量为 323mg/m^3，当污泥的掺混比例增加到 5%时，NO_x 的排放量略微降低，但是降低的幅度不大，SO_2 的排放量略微升高。当污泥的掺混的比例增加到 10%时，NO_x 和 SO_2 的排放量减少。污泥的比例增加至 15%时，NO_x 排放量降低至 300mg/m^3，SO_2 排放量降低至 319mg/m^3。对于石炭煤与污泥的混合物燃烧呈现的排放规律，单煤燃烧时 NO_x 的排放量为 730mg/m^3 左右，SO_2 的排放量为 335mg/m^3，当污泥的掺混比例增加 5%时，NO_x 和 SO_2 的排放量均增加，当污泥的掺混的比例增加到 10%时，NO_x 的排放量增至 800mg/m^3 左右，SO_2 的排放量增至 414mg/m^3。污泥的比例增加至 15%时，NO_x 排放量增加至 820mg/m^3，SO_2 排放量增加至 430mg/m^3，总体呈现小幅线性递增的趋势。对于印尼低灰熔点煤与污泥的混合物燃烧呈现的排放规律，单煤燃烧时 NO_x 的排放量为 650mg/m^3 左右，SO_2 的排放量为 604mg/m^3，当污泥的掺混比例不断增加时，NO_x 和 SO_2 的排放量总体呈现与石炭

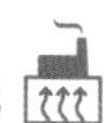

煤呈现相同的排放趋势。而印尼高灰熔点煤单煤燃烧时 NO_x 的排放量为 $620mg/m^3$ 左右，随着污泥的掺混比例增加，NO_x 和 SO_2 的排放量总体呈现规律比较混乱。

对于烟气中的二噁英排放浓度的监测，额定工况下锅炉燃煤量 124t/h，污泥干化后的含水率在 30%左右，干化后的污泥送至上煤皮带与煤一起进入磨煤机制粉，然后送入 300MW 锅炉进行燃烧发电，再采集烟气中的二噁英进行检测。研究发现，掺烧污泥后锅炉排放烟气中二噁英浓度符合或优于国家标准，如图 4-14 所示。

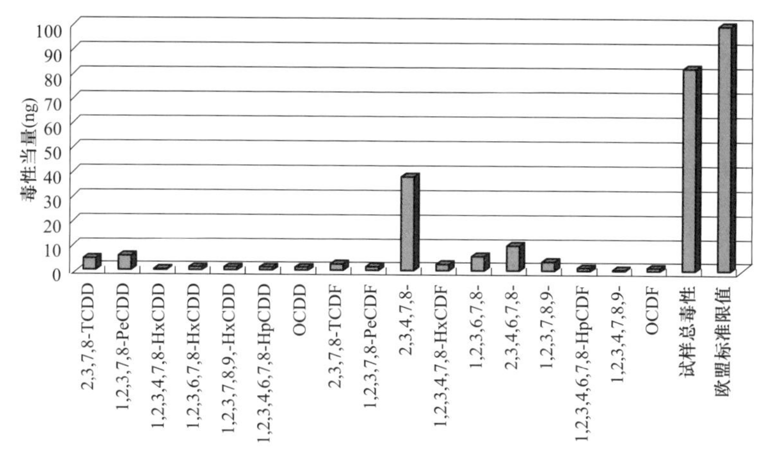

图 4-14　掺烧污泥后锅炉排放烟气中二噁英的毒性当量

总体而言，污泥以约为 4%的比例与原煤掺烧排放的污染物的特点如下：

(1) 由于污泥所含硫组分对原系统产生的影响小于煤种变化范围，因此不会对脱硫系统产生影响。

(2) 污泥中含有氮元素成分，在炉内焚烧过程中会转化为 NO_x，此外空气中的氮在高温下也会与氧反应生成 NO_x。由于掺入的污泥量较少，而掺烧污泥所带来的温度影响也不明显，故其排放与原锅炉排放水平相差甚微。

(3) 烟尘的粒径分布范围在电厂电除尘器适用范围内，同时考虑到掺烧的量较少，因此不会对电厂现有除尘系统产生大的影响。

(4) 污泥中 Cl 含量较低，掺入原煤中焚烧后，其 HCl 排放变化较小。

(5) 污水厂污泥干化焚烧后烟气中二噁英含量符合排放标准。

4.8　本　章　小　结

本章主要进行了污泥掺烧后锅炉及环保系统安全、环保技术研究，主要结论如下：

(1) 污泥具有典型的高挥发分、高灰分、低固定碳、低热值的特点。当大比例掺烧时，各项燃烧指数均有偏向污泥的改变，反应的活化能有所降低，燃烧的稳定性明显下降；污泥的掺入降低了煤的灰熔点，掺混物的灰熔点明显下降，大大增加了结焦的可能；

污泥的高灰分，使得烟气中的炉渣和飞灰含量增加。随着污泥掺烧比例增大，排烟损失、灰渣热损失和固体不完全燃烧损失增加，进而导致锅炉效率略有下降。

（2）煤中添加污泥焚烧后烟气中有害污染物浓度会增加，比如污泥中 S 元素和 N 元素的含量升高，导致所排放的烟气的燃料型 SO_x 和 NO_x 浓度升高，从而加重空气预热器的低温腐蚀。为了防止低温腐蚀和黏聚性积灰，最有效的办法是提高空气预热器壁温，现场中常使用的方法是提高空气预热器入口的空气温度。污泥灰分含量比煤高，增加污泥的掺烧比例会增加炉渣和飞灰的生成量，从而造成输灰系统负载加大，需要综合考虑管道磨损、输送气压和阀门控制等方面来调节输灰系统。污泥掺入后，烟气成分中的酸性气体含量略有增高，需要调节脱硫系统中石灰石的加入量才可达到中和过量酸性气体的目的。

（3）污泥焚烧所产生的焚烧灰具有较好的吸水性、凝固性，与粉煤灰的性质相差不大。国外也有将污泥燃烧产物作为水泥原料进行利用的应用实例，同时掺烧比例不大，污泥燃烧后的灰在总灰量中占比很小，对粉煤灰的品性质基本没有影响，因此掺烧市政污泥对粉煤灰的综合利用影响不大。

（4）干化后的全干污泥含水率在 5%左右，含沙率高，严重影响了物料输送的操作，加大了溢出物料的清理工作，同时造成严重的环境污染。L 形刮板污泥输送系统的布置不尽合理，严重影响了生产的正常运行。物料进焚烧炉膛后直接影响炉膛温度的控制。星形卸料器在对石灰物料卸料的过程中极易在星形卸料器中板结，从腔壁开始逐渐形成星形卸料阀的堵塞，造成卸料阻力增大、设备磨损，严重影响石灰的卸料工作。

污泥的掺入也会带来燃料的发热量，灰分，水分的变化，对输煤系统的影响有：①在同样的锅炉负荷情况下，煤的发热量降低，则耗煤量必然增大。②煤的灰分增加，输送同容积的原煤，会使输煤设备超负荷运行，造成输煤系统设备磨损的增加，增加输煤设备尤其是输煤皮带的检修和更换工作量，检修工作量、材料和劳动力增大。③煤的水分越高，无形中增加原煤的总量，而收到基低位发热量降低。④高硫煤尤其是含黄铁矿多的煤还会因为硬度大，对输煤部件和输煤管道造成磨损。煤水分太高时，可以考虑暂时停止卸船线或进仓线的喷水系统。

（5）从污泥的高挥发分、高灰分、低固定碳、低热值的特点，在污泥大比例均匀掺配时，首先要对污泥进行干化到低于 40%的含水率。对于烟气监测装置会有更高的要求，不仅是在脱硝、脱硫方面，对于各种重金属的含量也需要更加精确的监测，以及对于烟气以及飞灰的后处理，需要更加精密的仪器对于飞灰进行处理，以除掉颗粒更加微小的重金属颗粒。对于锅炉来说，燃烧过程所需要的空气量是个很重要的设计与运行参数，空气里的取值与燃料的特性有关。采用技术改进的方法，如采用增大皮带速度、加宽皮带、增加槽角等方法以提高皮带出力。

（6）通过文献调研可知掺烧污泥后，污泥量的增加使热效率降低，耗煤、耗电量增加，但不影响锅炉蒸汽产量。在成本分析中，煤炭消耗是资源消耗的主体。针对 LD、LJ

和 DTS 三种污泥的煤耗成本估算可知，掺烧猎德污泥（LD）的煤耗成本增加最少，三种污泥的掺烧的煤耗增量在掺烧比例为 3%时最少。有文献通过对污泥掺烧的灰渣特性研究表明，按污泥和燃煤比为 1∶4 添加的污泥量不会影响锅炉的炉膛温度和焚烧效果，同时能够保证经济性；对于不同煤种，掺烧污泥产生的烟气污染物有不同的排放规律，在掺烧比例在 4%左右的条件下，烟气污染物的排放影响较小。

第 5 章　不同污泥掺混比例下数值模拟

5.1　低水分污泥掺烧数值模拟

针对含水量为 40%的污泥，进行不同掺混比例下的数值模拟，采用 ANSYS FLUENT 软件开展的多个工况下数值模拟，并分析各个工况的速度场、温度场和组分场，通过数值模拟结果，为现场开展污泥掺烧提供理论依据。不同工况污泥与煤的掺混量如表 5-1 所示。

表 5-1　　不同工况污泥与煤的掺混量

工况	机组功率（kW）	含水率（%）	掺混比例（%）	给煤量（t/h）	给污泥量（t/h）	掺配位置
1	250	40	4	160	6.7	D
2	250	40	6	160	10.2	D，E
3	250	40	8	160	13.9	D，E
4	250	40	10	160	17.8	C，D，E
5	300	40	4	200	8.3	D
6	300	40	6	200	12.8	D，E
7	300	40	8	200	17.4	C，D，E
8	300	40	10	200	22.2	C，D，E

5.1.1　速度场分布规律

图 5-1～图 5-7 分别为所在截面的高度 y＝19980、20600、21360、22890、23650、25180、25940mm 处速度场的分布云图，每个图中 1～4 号工况的机组功率为 250kW，5～8 号工况的机组功率为 300kW。

从图 5-1～图 5-7 中可以看出，燃烧器射流射向炉膛中心的假想切圆，围绕切圆中心旋转，流动在炉膛中心形成一个稳定的强烈旋转的圆形旋涡，且旋转的方向为顺时针，并沿炉膛向上一边旋转一边上升，加强风粉混合，有利于煤粉的着火及燃烧。气流刚性

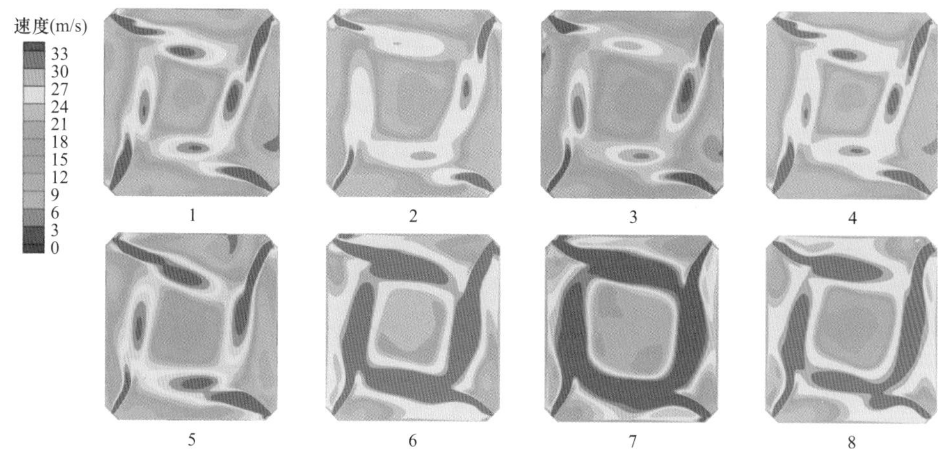

图 5-1　y=19980mm AA 截图速度场分布云图（40%含水率污泥）

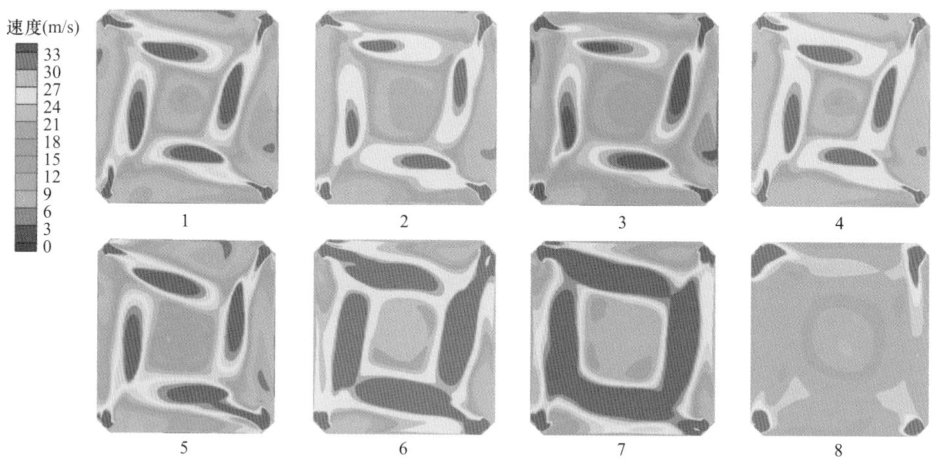

图 5-2　y=20600mm A 截图速度场分布云图（40%含水率污泥）

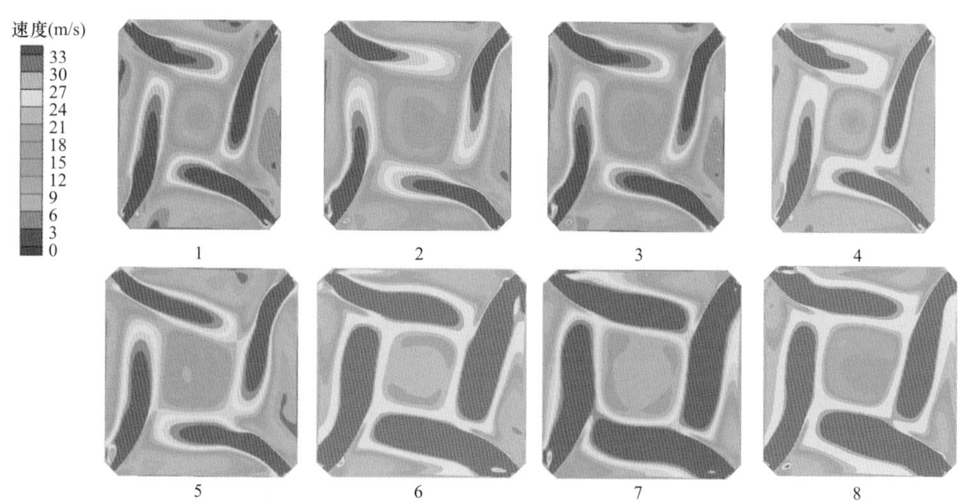

图 5-3　y=21360mm AB 截图速度场分布云图（40%含水率污泥）

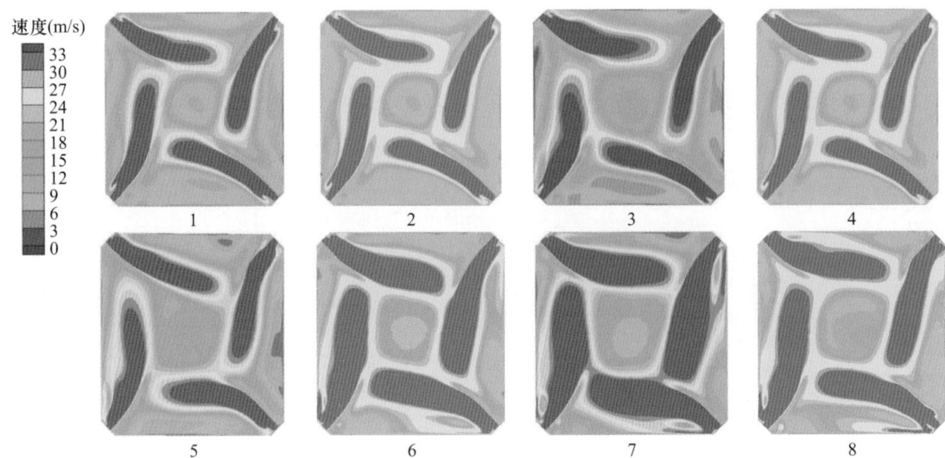

图 5-4　y=22890mm BC 截图速度场分布云图（40%含水率污泥）

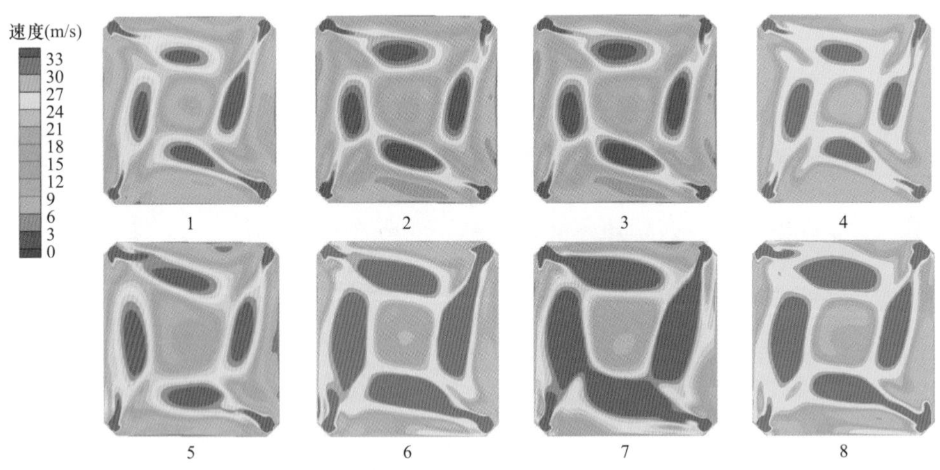

图 5-5　y=23650mm C 截图速度场分布云图（40%含水率污泥）

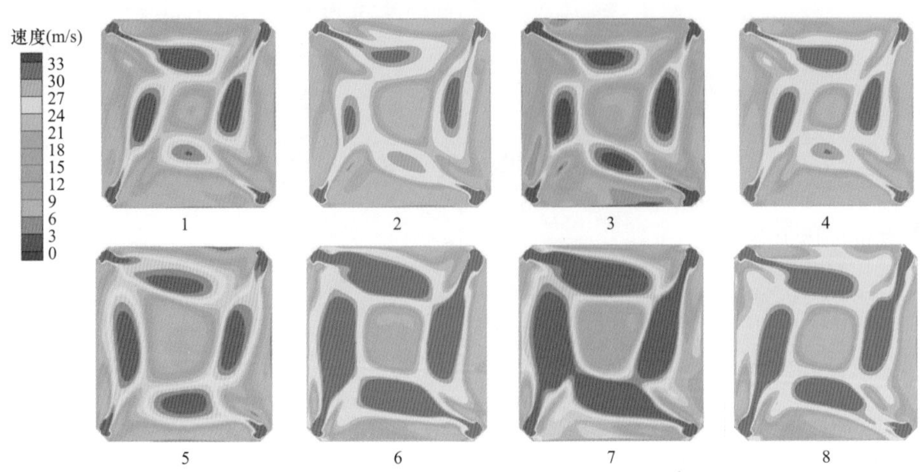

图 5-6　y=25180mm D 截图速度场分布云图（40%含水率污泥）

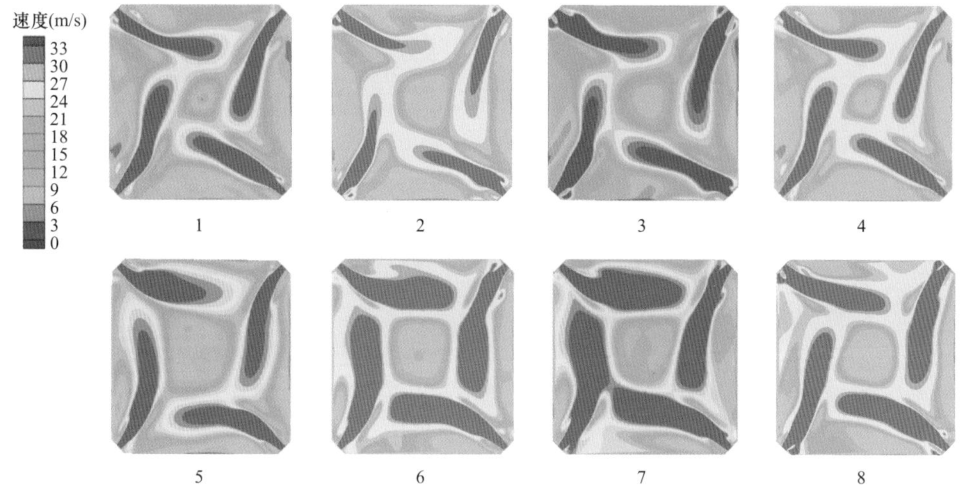

图 5-7　y＝25940mm DE 截图速度场分布云图（40％含水率污泥）

强，射程远，偏转角度小，切圆基本完整，没有贴墙的问题的发生。同时在气流的强烈扰动下炉膛中心形成负压中心，可以将煤粉在气流强烈的扰动作用下在炉膛中心达到空气充分混合，这样有利于燃烧区集中在炉膛中心，减轻对水冷壁的高温腐蚀。在上升过程中，旋转强度逐渐减弱，对比出口气流速度可以看出，炉膛出口仍存在残余旋转。可以明显看出污泥掺混比例为6％和8％时，形成的四角切圆直径明显大于掺混比为4％和10％的切圆直径，并且它们的气流速度也相对较高。在污泥含水率为40％时，在炉膛的不同位置处，总是机组功率较大时可以形成较大的稳定切圆，并且切圆中心稳定。而当切圆直径较大时，上游邻角火焰向下游煤粉气流的根部靠近，煤粉的着火条件较好。这时炉内气流旋转强烈，气流扰动大，使后期燃烧阶段可燃物与空气流的混合加强，有利于煤粉的燃尽，与实际情况相符。在燃烧器区域，由于气流高速旋转卷吸了大量的空气，因此在炉膛中心出现了一个真空区，同时导致靠近炉墙壁面处的流速也很低。

随着炉膛高度的增加，旋转气流渐渐扩散到炉膛中部，真空区面积不断缩小，在燃烧器出口处形成了类似于山峰形的流场。从总体来看炉膛内的流场分布较为均匀，炉膛内气流充满度较好，计算结果与四角切圆燃煤锅炉空气动力场的特点基本一致。同时，也说明原有的配风方式能基本上满足燃烧基本工况。

总体而言掺混污泥后速度场分布与纯煤粉燃烧结果基本相同，不需要显著改变配风方式。

5.1.2　温度场分布规律

z＝0mm，Z＝100mm 截图温度场等截面分布云图如图 5-8 和图 5-9 所示，x＝0mm 截图温度场等截面分布云图如图 5-10 所示，其中 z 为深度方向；x 为锅炉宽度方向位置。

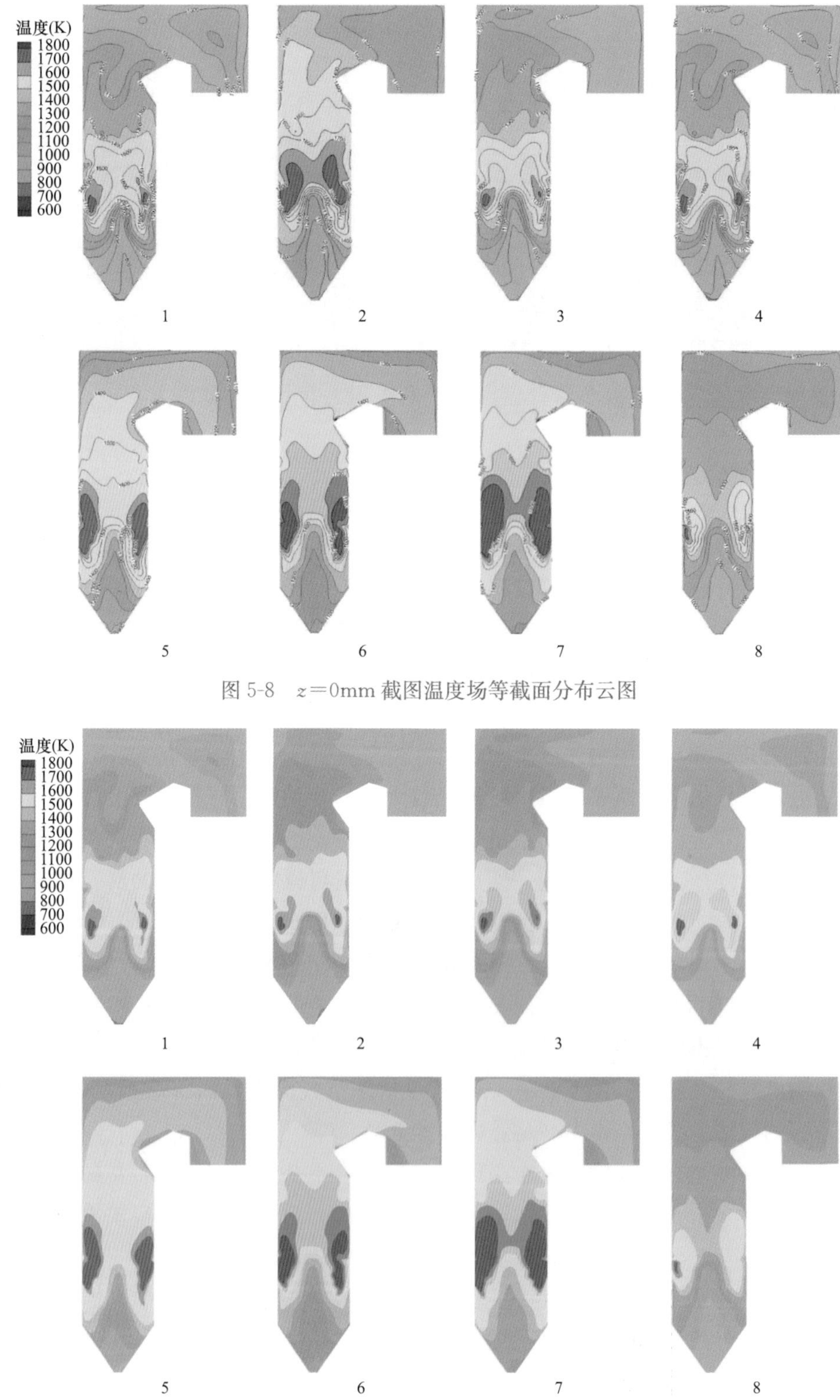

图 5-8　z=0mm 截图温度场等截面分布云图

图 5-9　z=100mm 截图温度场等截面分布云图

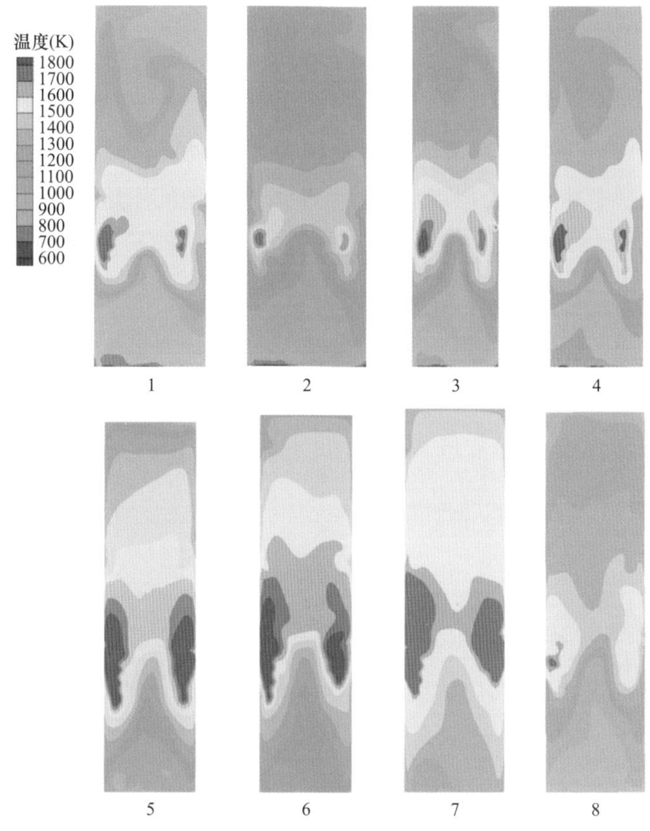

图 5-10　$x=0$mm 截图温度场等截面分布云图

图 5-8～图 5-10 中 1～4 号工况为 250MW 的机组，污泥掺混率从 4%递增到 10%，污泥含水率均为 40%，从图中可以看出，高温区集中在燃烧器区域，沿炉膛中轴线基本呈对称分布。在同一高度上，偏炉膛中心处的温度比两边的温度高，这是由于在接近壁面的地方布置有水冷壁，水冷壁有吸热作用，因此温度比中心区低。另外，随着烟气的流动与炉膛的散热，温度随着锅炉高度增加而降低。最高温度的区域基本与上风口平齐，原因可以解释为在此处物料浓度最高，煤粉颗粒与污泥颗粒发生剧烈燃烧反应，导致此处反应温度高于其他区域。在 1～4 号工况比较突出的是 2 号工况，污泥掺混率为 6%，主燃烧区高温区更宽，炉膛整体温度也高于其他工况，此时燃料燃烧更充分，热量释放更完全。而污泥掺混比例继续升高时，炉膛内高温区有萎缩趋势，燃烧不完全。这是因为随着污泥的掺混量增大，炉膛内含水率增加，大量的水分吸热导致炉膛内温度出现很明显的下降，所以高温区有所萎缩，炉膛整体温度也相对较低，而且污泥灰分较高，掺烧后燃料燃烧特性较差。

图 5-8～图 5-10 中 5～8 号工况为 300MW 的机组，污泥掺混率从 4%递增到 10%，污泥含水率均为 40%。可以看出随着污泥掺混量的增大，主燃烧区的高温区呈现先扩张后萎缩的趋势，高温区面积在污泥掺混量为 8%时达到最大，此时炉膛内燃料发热量最

大，燃料燃烧更充分，炉膛整体温度更高。而当污泥掺混量达到10%时，炉膛内高温区骤缩，炉膛内温度由于水分蒸发吸热下降十分明显。

综合比较1～4号工况与5～8号工况，对于250MW机组，污泥最佳掺混比例为6%，而对于300MW机组，污泥最佳掺混比例为8%，机组容量的增大，可以在满足炉膛输出热量的前提下提升污泥的掺混比例，从而减少煤粉的用量，提升能源的利用效率。

图5-11～图5-17分别为y=19980、20600、21360、22890、23650、25180、25940mm处温度场的分布云图。

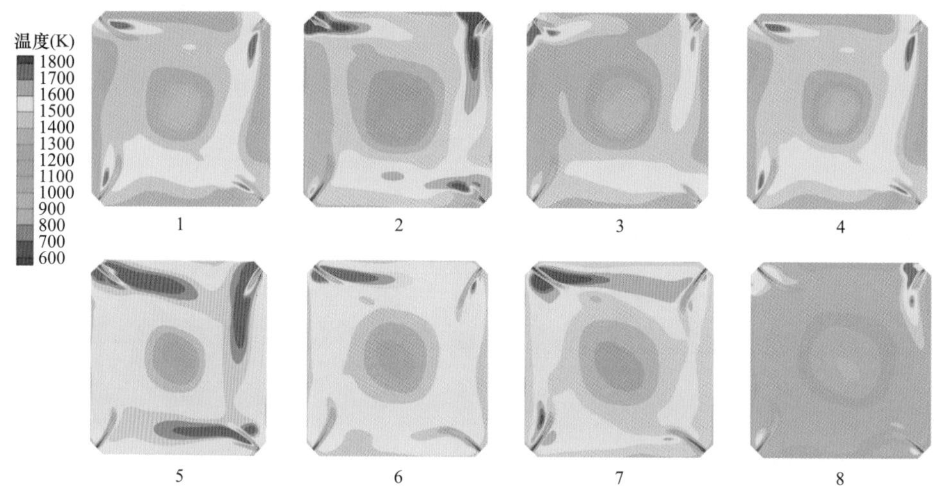

图5-11　y=19980mm AA截图温度场分布云图（40%含水率污泥）

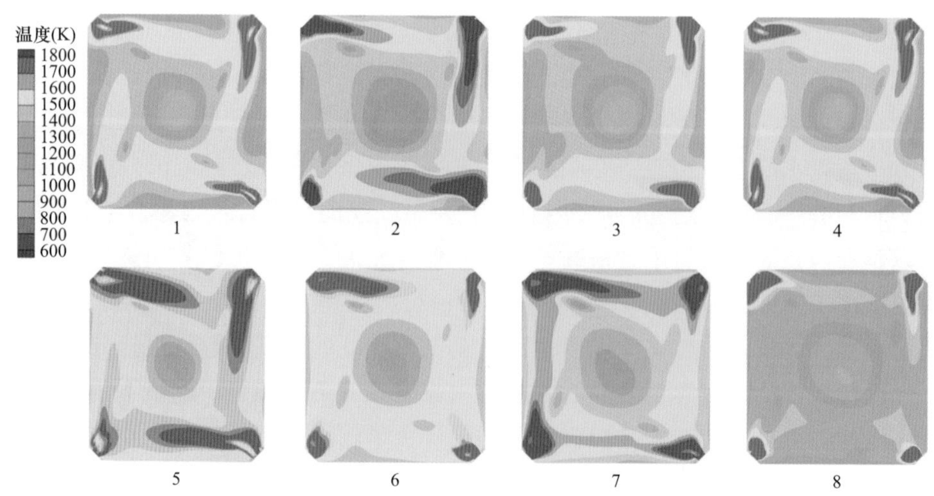

图5-12　y=20600mm A截图温度场分布云图（40%含水率污泥）

由图5-11～图5-17可知，由于下一次风和下二次风的作用，此处的温度已经非常高，且形成了巨大的高温旋流区。一次风和二次风的入射温度较低，但是由于一次风有

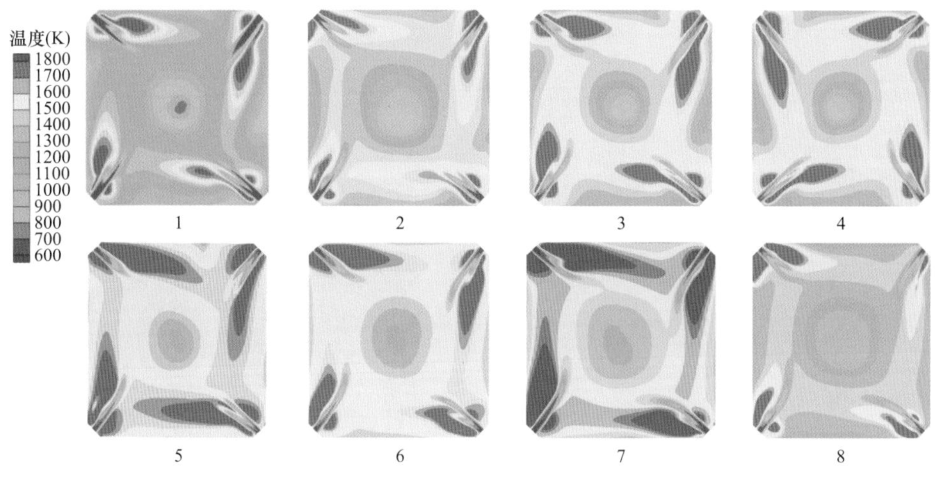

图 5-13　y=21360mm AB 截图温度场分布云图（40%含水率污泥）

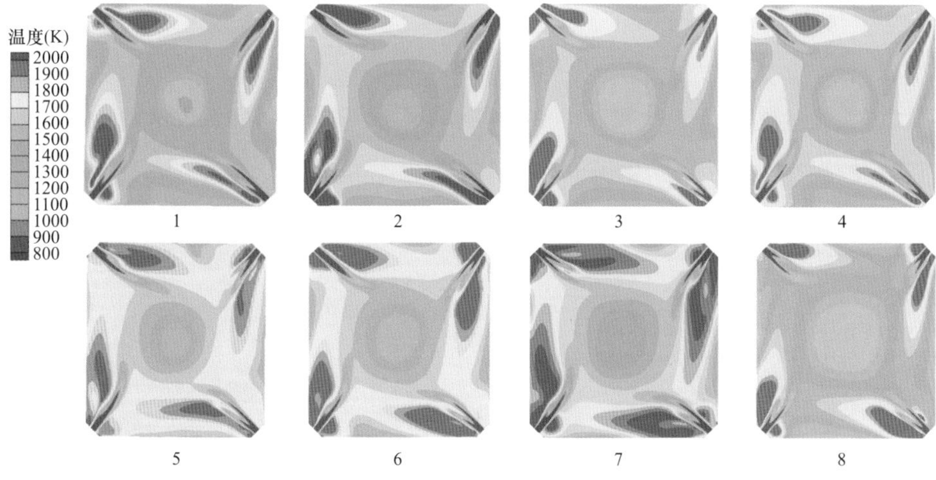

图 5-14　y=22890mm BC 截图温度场分布云图（40%含水率污泥）

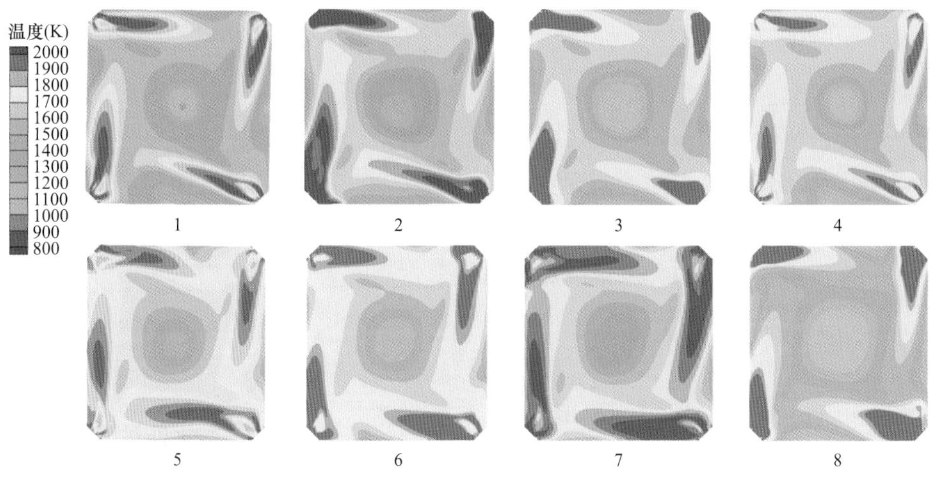

图 5-15　y=23650mm C 截图温度场分布云图（40%含水率污泥）

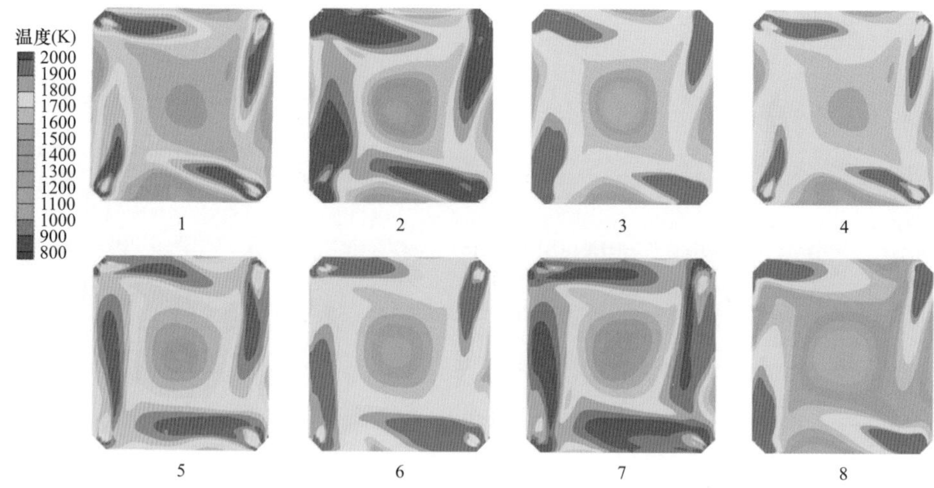

图 5-16　y＝25180mm D 截图温度场分布云图（40％含水率污泥）

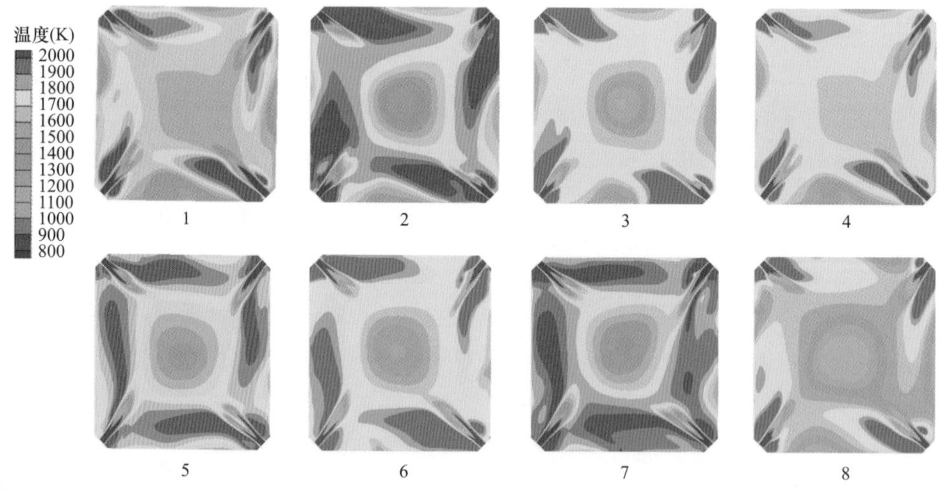

图 5-17　y＝25940mm DE 截图温度场分布云图（40％含水率污泥）

煤粉的补充，接触到高温空气后，剧烈燃烧，继续形成高温区。由于湍流的作用，切圆面积大，高温区流动明显，加强了炉膛四周的传热。

对于不同的额定功率，随着污泥掺混量的升高火焰中心区温度明显下降，同时切圆的完整程度也大幅下降。一方面污泥的热值远远低于煤的热值，可燃组分的燃烧热大幅下降；另一方面由于污泥的含水量较高，水的蒸发吸收大量的燃烧热。

5.1.3　组分场分布规律

x＝0mm O_2 浓度场分布云图如图 5-18 所示。

由于一次风有煤粉喷入，燃烧消耗大量的氧气，故在一次风入射区域氧气含量低，而二次风有大量的新鲜空气喷入，故二次风入射区域氧气含量较高。而在燃烧器区域煤

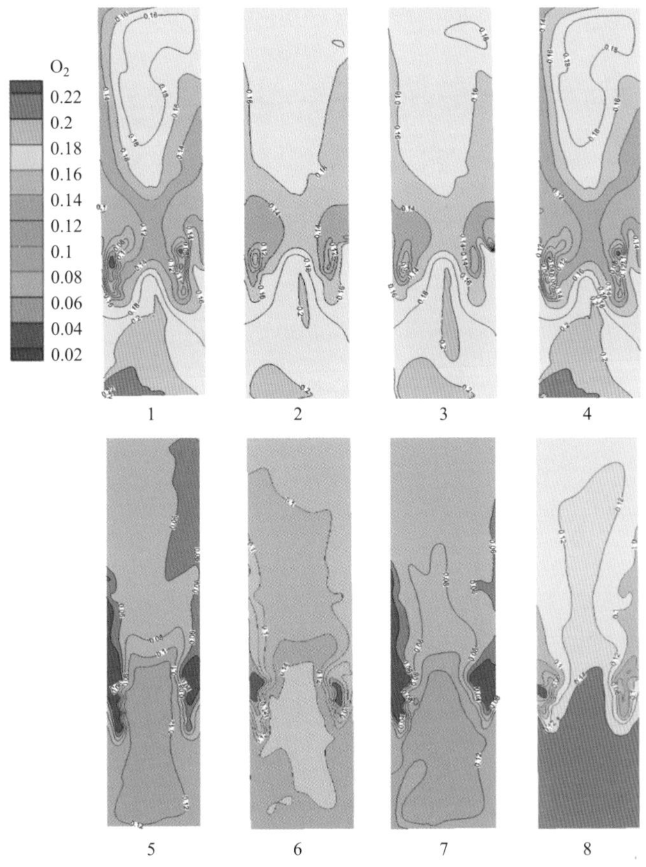

图 5-18　x=0mm O_2 浓度场分布云图

粉高温燃烧，氧气消耗较快，故该处大部分区域的氧气含量较低。氧气的组分浓度分布表明，污泥的掺混不需要大幅调整原有的配风方式和过量空气系数，甚至随着污泥的掺混出口的氧气浓度略有增加。

同污泥掺烧量工况下，O_2 分布类似，均呈现一次风入射区域氧气含量低，而二次风入射区域氧气含量较高，主要是因为一次风有煤粉喷入，燃烧消耗大量的氧气，而二次风有大量的新鲜空气喷入补充。在燃烧器区域煤粉高温燃烧，氧气消耗较快，故该处大部分区域的氧气含量较低。

z=0mm CO_2 浓度场分布云图如图 5-19 所示。

炉内的 O_2、CO_2 的质量浓度分布与温度有很大的关系，高温区对应着 CO_2 高质量浓度和 O_2 的低质量浓度。这是由于在炉膛高温区煤粉与氧气发生剧烈的燃烧反应，消耗大量的 O_2 而主要生成 CO，大量生成 CO 后，由于烟气温度较高，氧量充足，CO 被氧化成 CO_2，因此高温区以及炉膛上部的 CO_2 浓度很高，O_2 浓度较低。而 O_2 与 CO_2 的浓度也与燃烧情况有关，燃料燃烧得越完全，则 CO_2 浓度越大，O_2 浓度越小。而在炉膛出口处 CO_2 浓度迅速降低可能是与出口处空气量较大有关，空气中本身 CO_2 含量很低，与出口处空气混合后将炉膛燃烧产生的 CO_2 迅速稀释，所以出口处 CO_2 浓度很低。

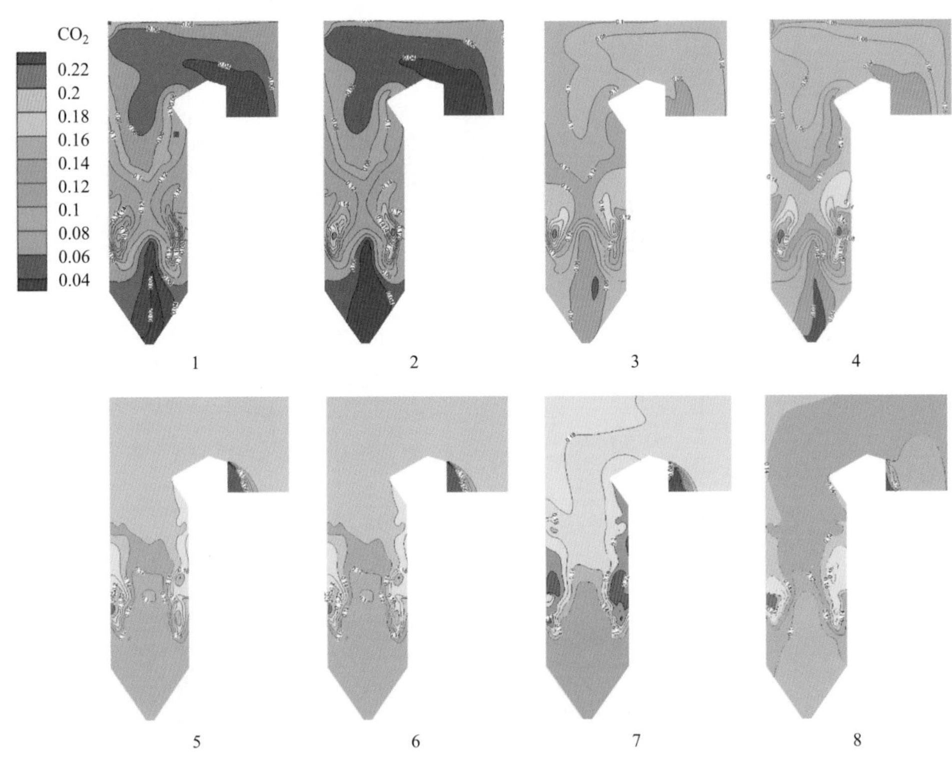

图 5-19　z=0mm CO_2 浓度场分布云图

5.1.4　氮氧化物分布规律

z=NO_x 浓度场分布云图如图 5-20 所示，低水分工况氮氧化物分布如表 5-2 所示。

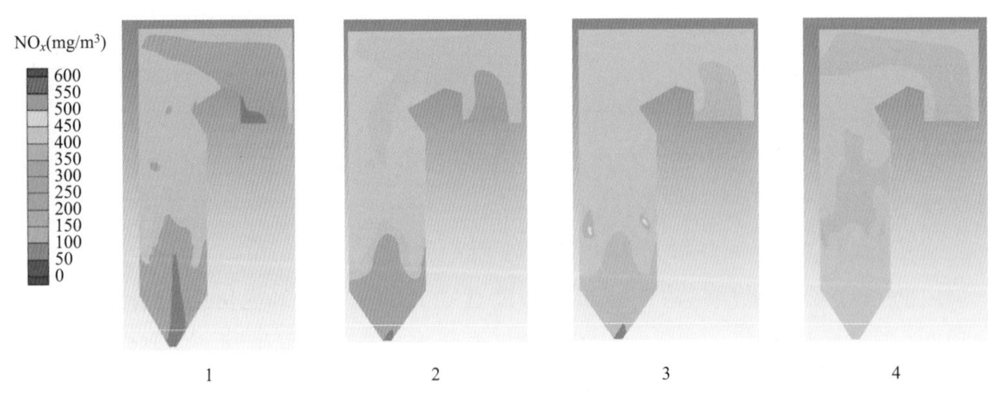

图 5-20　z=NO_x 浓度场分布云图

通过对不同工况氮氧化物浓度场的分析，氮氧化物数值模拟结果与现场数据较为符合。氮氧化物大部分在燃烧器区域出口附近生成。然后随着烟气的流动最后充满整个炉

膛。由于还原性气氛随着炉膛高度的升高而增多，因此燃烧器区域的氮氧化物的浓度随着高度的增加而略微降低。在锅炉燃尽区，受到燃尽风的影响，随着炉膛高度的增加而增多。

表 5-2　　低水分工况氮氧化物分布

工况号	NO_x（mg/m^3）
1	289.92
2	352.95
3	340.33
4	378.15

根据氮氧化物的云图（如图 5-20 所示）分析，氮氧化物主要发生在燃烧器区域和燃尽风附近区域，由于冷灰斗的附近温度较低，基本上没有热力型氮氧化物产生，只有少量未燃尽的煤粉颗粒落入到冷灰斗之中，生成少量的燃料型氮氧化物。燃烧器区域的温度较高，燃料充足，为氮氧化物的生成提供了充足的条件，因此冷灰斗区域附近的氮氧化物浓度较低。

随着污泥掺混量的不断增多，一方面由于温度降低导致热力型 NO_x 含量降低，另一方面由于污泥中的氮含量高于原有的含量，所以在 8%掺混量的情况下氮氧化物排放量是最高的。

5.2　高水分掺混污泥数值模拟结果

针对含水量为 80%的污泥，进行不同掺混比例下的数值模拟，采用 ANSYS FLUENT 软件开展的多个工况下数值模拟，并分析各个工况的速度场、温度场和组分场，通过数值模拟结果，为现场开展污泥掺烧提供理论依据。高水分掺烧工况表如表 5-3 所示。

表 5-3　　高水分掺烧工况表

工况	机组功率（kW）	含水率（%）	掺混比例（%）	给煤量（t/h）	给污泥量（t/h）	掺配位置
9	300	80	4	160	8.3	D
10	300	80	6	160	12.8	D，E
11	300	80	8	160	17.4	C，D，E
12	300	80	10	160	22.2	C，D，E
13	250	80	4	160	8.3	D
14	250	80	6	160	12.8	D，E
15	250	80	8	160	17.4	C，D，E
16	250	80	10	160	22.2	C，D，E

5.2.1　速度场

图 5-21～图 5-28 分别为 $y=19980$、20400、20600、21360、22890、23650、25180、

25940mm 处速度场的分布云图，每个图中 9～12 号工况的机组功率为 250kW，13～16 号工况的机组功率为 300kW。

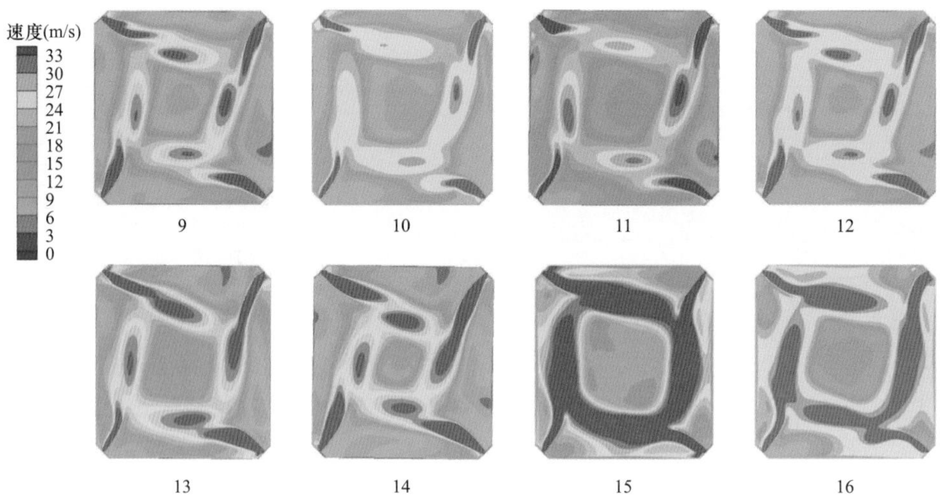

图 5-21　$y=19980$mm AA 截图速度场分布云图（80%含水率污泥）

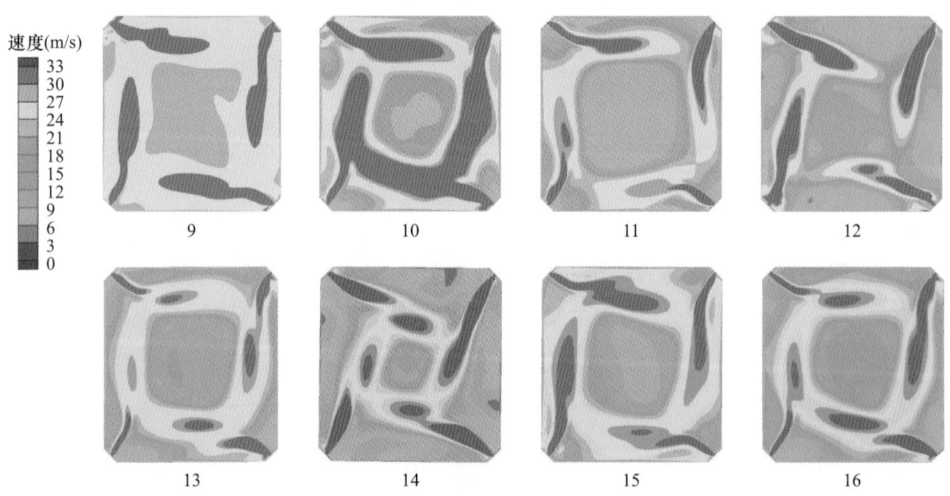

图 5-22　$y=20400$mm AA 截图速度场分布云图（80%含水率污泥）

如图 5-21～图 5-28 所示，气流从四角喷口射入炉膛，在炉膛中心形成一个稳定的强烈旋转的圆形旋涡，且旋转的方向为顺时针。对于炉内的旋转气流以实际切圆直径为界可分为两个区域：在实际切圆直径范围内为旋涡核心，其旋转运动近似为刚体旋转，称之为准固体区；在实际切圆直径外的区域，可称之为等势区。在等势区随着旋转半径的增大，切向速度不断减少，这一点可由图 5-28 中不同截面速度分布图明显地看出。从燃烧器下方喷口向上，各喷口的切向速度峰值有逐步增加的趋势，表明气流的旋转逐步加强，切圆直径逐步扩大。可以明显看出，在污泥含水率为 80%时，随着掺混比例的增

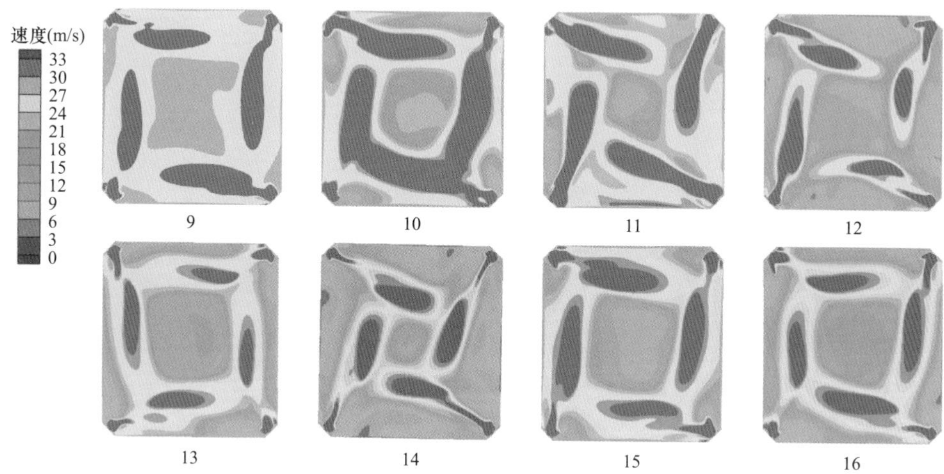

图 5-23　y=20600mm AA 截图速度场分布云图（80%含水率污泥）

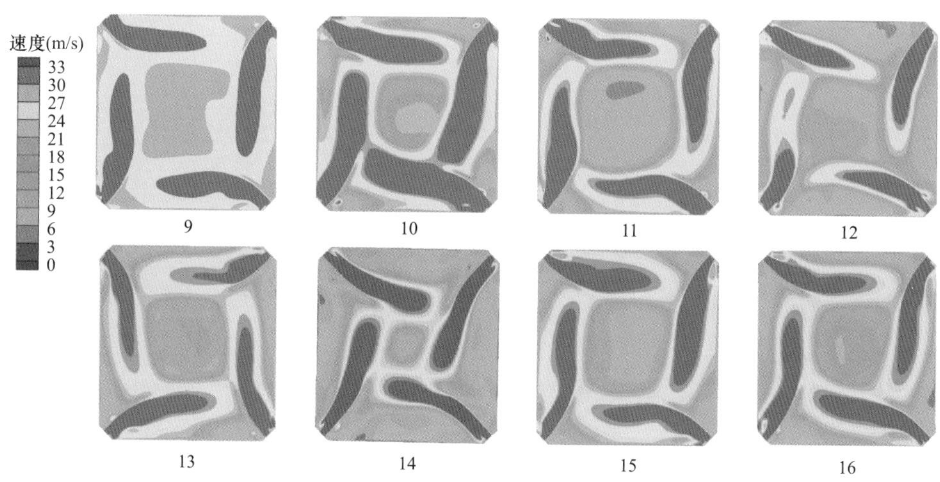

图 5-24　y=21360mm AA 截图速度场分布云图（80%含水率污泥）

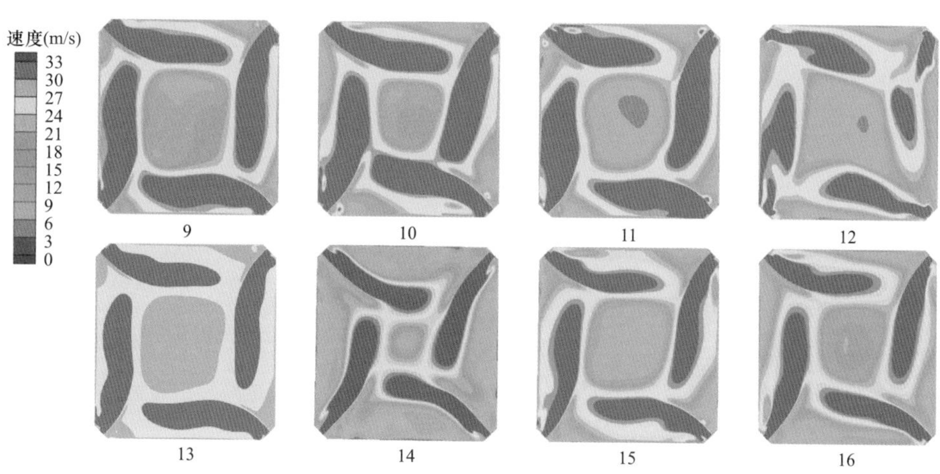

图 5-25　y=22890mm AA 截图速度场分布云图（80%含水率污泥）

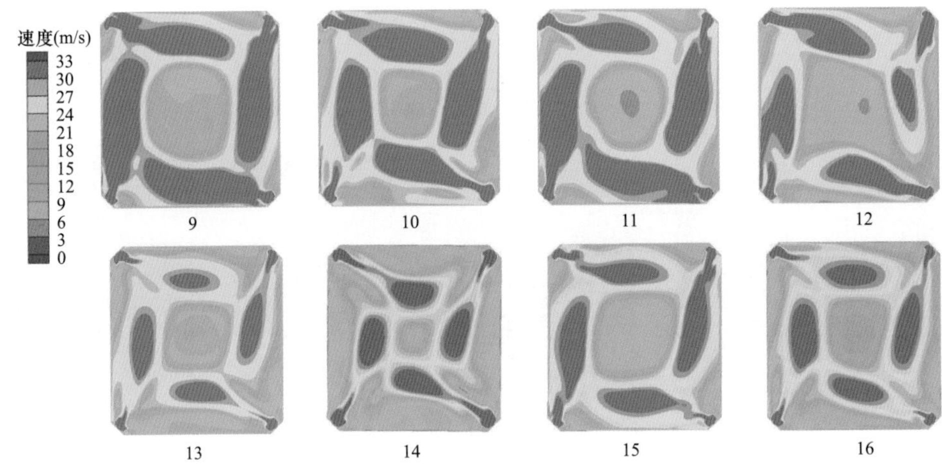

图 5-26　y=23650mm AA 截图速度场分布云图（80%含水率污泥）

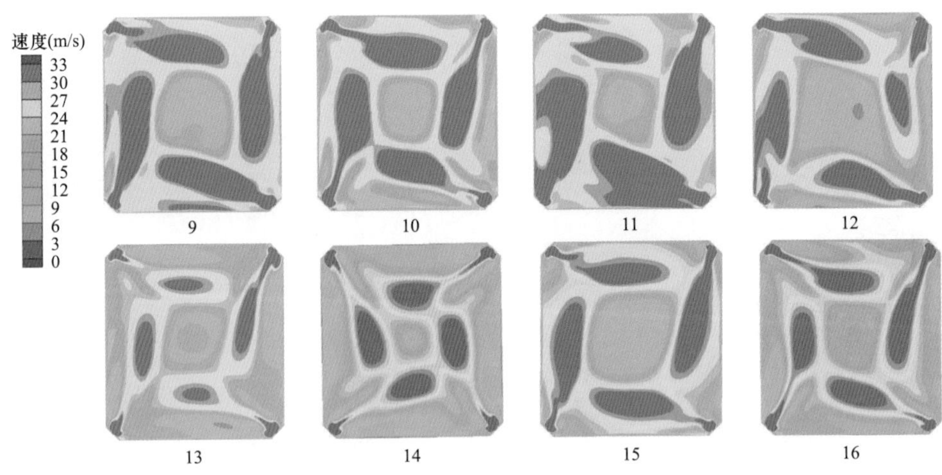

图 5-27　y=25180mm AA 截图速度场分布云图（80%含水率污泥）

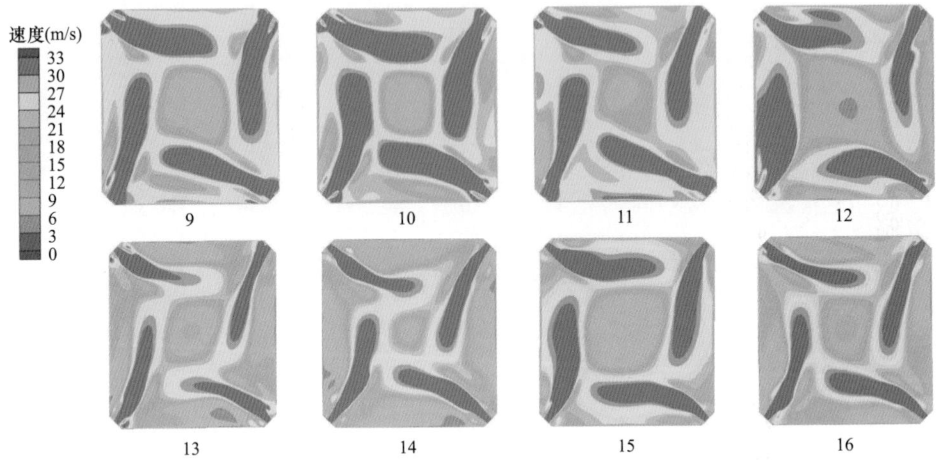

图 5-28　y=25940mm AA 截图速度场分布云图（80%含水率污泥）

加，切圆直径逐步减小，气流速度也有减小的趋势，与实际情况相符合。每个截面处，相同掺混比时，功率增大时，也会导致切圆直径减小，气流速度减小。

5.2.2　温度场分布规律

高含水率下不同污泥掺混比的锅炉炉膛的温度场分布图如图 5-29～图 5-35 所示，图中 9～12 号工况的机组功率为 300MW，13～16 号工况的机组功率为 250MW。

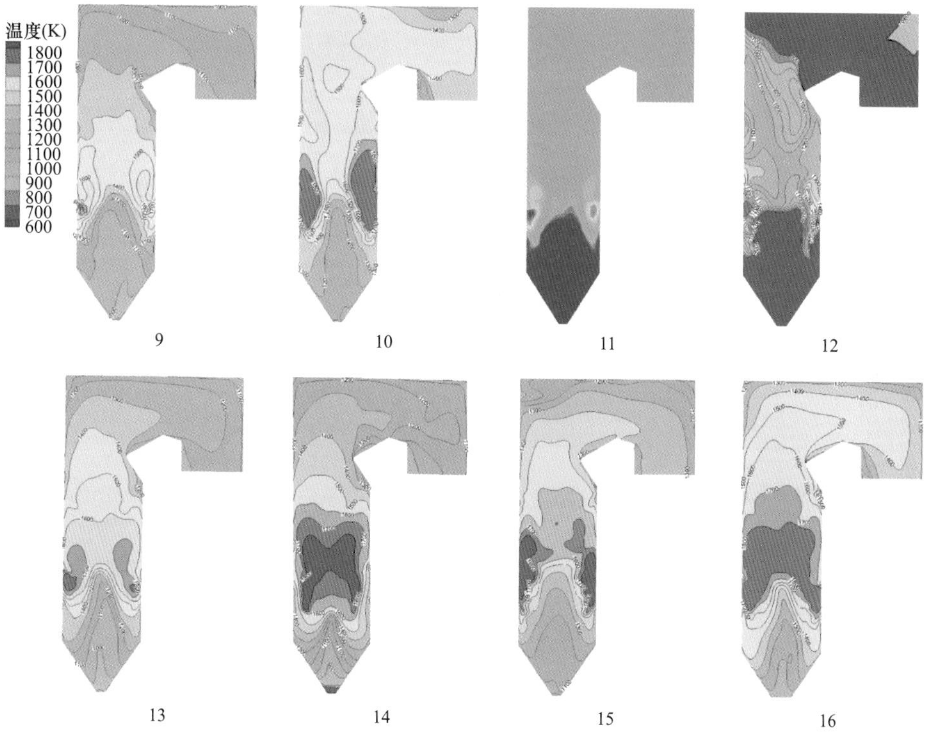

图 5-29　x＝0mm AA 截图温度场分布云图

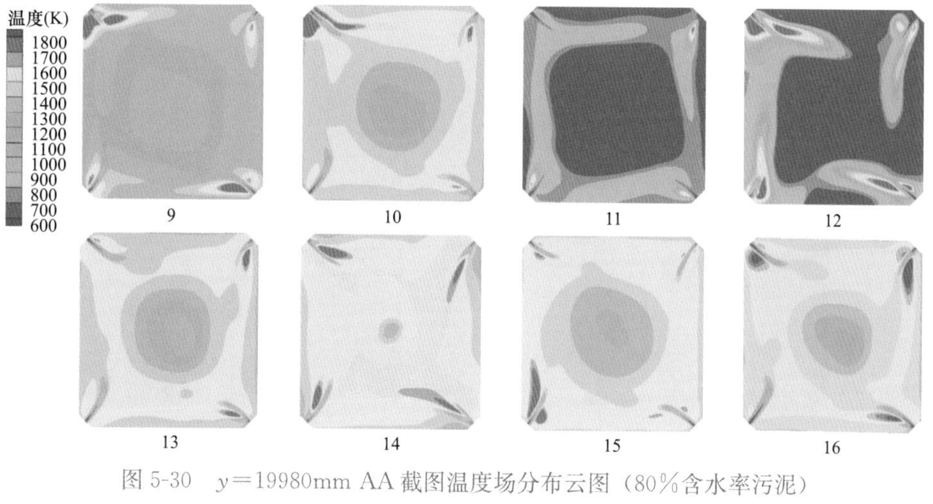

图 5-30　y＝19980mm AA 截图温度场分布云图（80％含水率污泥）

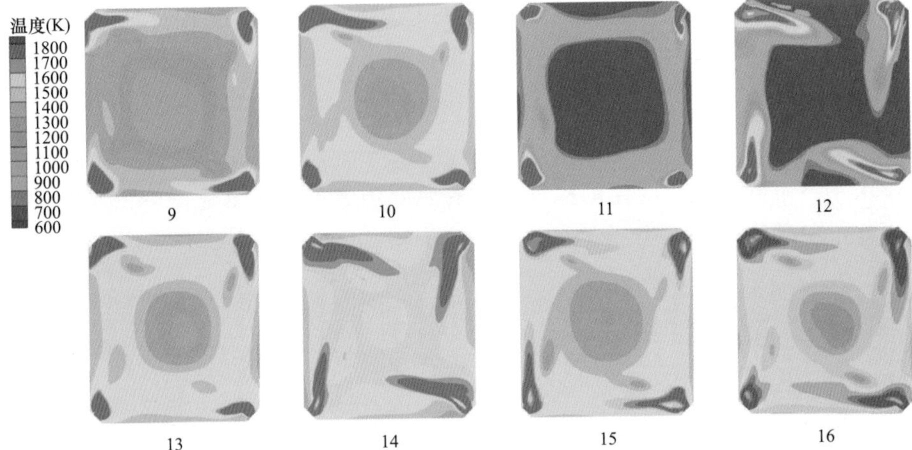

图 5-31　$y=20600$mm AA 截图温度场分布云图（80%含水率污泥）

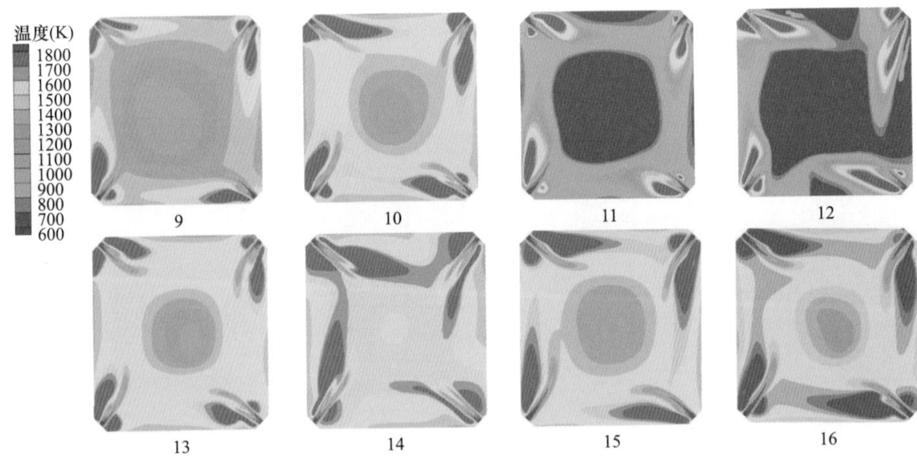

图 5-32　$y=21360$mm AA 截图温度场分布云图（80%含水率污泥）

图 5-33　$y=22890$mm AA 截图温度场分布云图（80%含水率污泥）

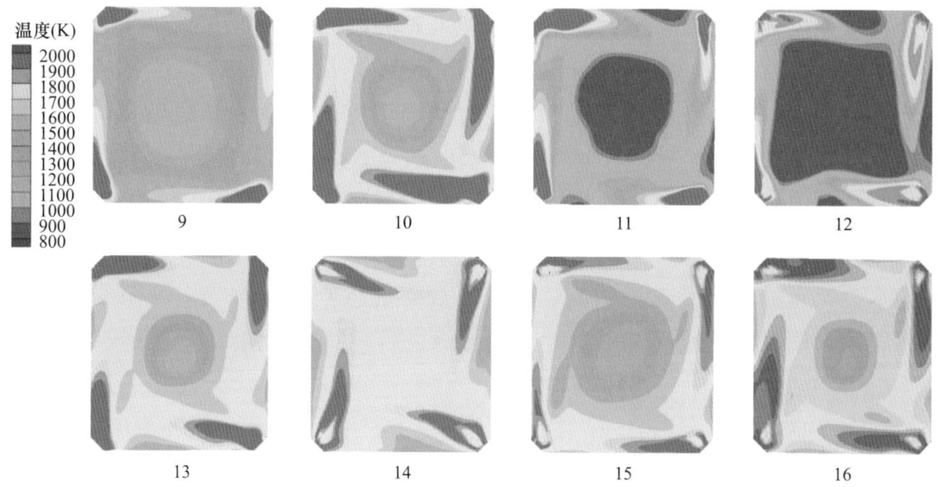

图 5-34　$y=23650$mm AA 截图温度场分布云图（80％含水率污泥）

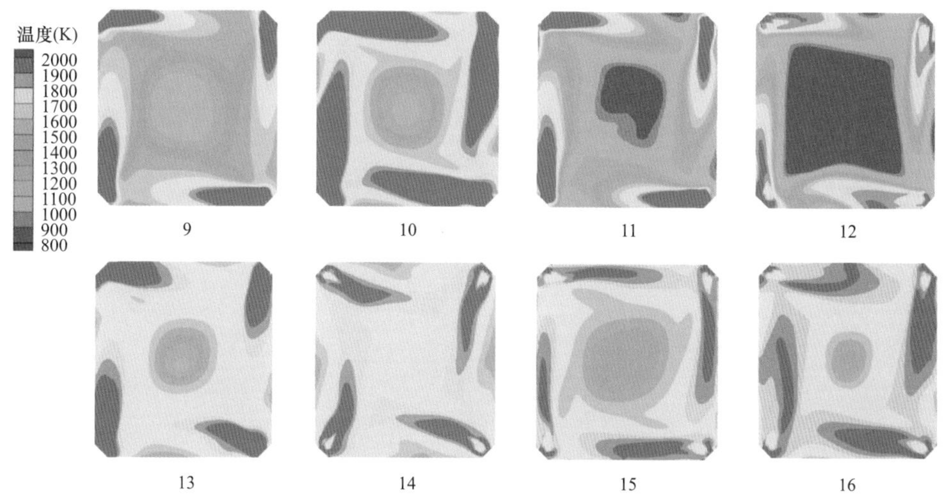

图 5-35　$y=25180$mm D 截图温度场分布云图（80％含水率污泥）

由图 5-29 可知，炉膛冷灰斗区域温度较低，接近燃烧器区域时，温度开始逐渐升高，燃烧器区域燃烧最为剧烈，随着炉膛高度的增加，温度水平逐渐降低。这是因为在燃烧器区域，从每一角的燃烧器喷出的混合气流，都受到来自上游邻角正在剧烈燃烧的高温火焰的冲击和加热，使其很快着火燃烧，并以此再去点燃下游邻角的新鲜混合气流，使得相邻混合气流相互引燃，形成剧烈燃烧。炉膛上部，煤粉逐渐燃尽，温度逐渐降低。通过对高功率工况，燃烧器区域不同污泥含量下锅炉炉膛的燃烧情况相似，高温区主要集中在燃烧器区域，处于 1800～2000K 之间，其中图 5-29～图 5-31 的高温区域为 1600～1800K，这是因为低温的一二次风送入，降低了该区域的温度，但不影响整体高温区。随着二次风的流动而形成剧烈的湍流区。

温度场对比可知，随着掺烧污泥的比例增大，高温区域的温度逐渐降低，这是因为污泥的含水率高，掺烧污泥后，水分蒸发吸收相应的热量，故使得温度有所降低。随着污泥含水率的增加，下炉膛出口温度和屏式过热器温度均呈现下降的趋势，但变化幅度不大。因此，总体来说，炉膛内整体的温度水平随着掺烧污泥的含水率增加而略有下降。

通过对比掺混工况，可以发现掺混的 D 口的温度与其他的煤粉喷入口相比明显降低，同时切圆的完整度略有降低，对于 11、12、15、16 号工况由于掺混比例过高，同时污泥中大量的水分蒸发的汽化潜热抵消燃烧热，燃烧工况急剧恶化，二次风贴墙非常严重加剧了高温腐蚀，同时在炉膛火焰中温度明显下降之后，二次风偏离等现象较为严重。

5.2.3 组分场分布规律

CO_2 含量截面图如图 5-36 所示，O_2 的组分分布如图 5-37 所示。

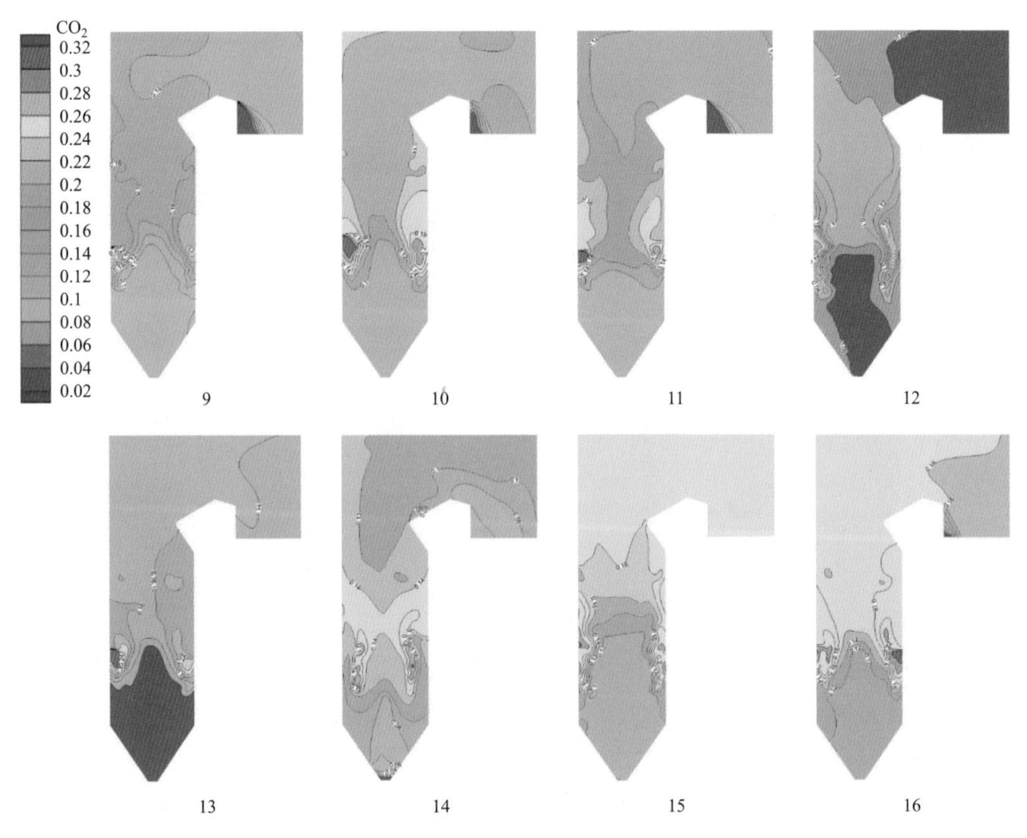

图 5-36 CO_2 含量截面图

（1）O_2。不同污泥掺烧量工况下，O_2 分布类似，均呈现一次风入射区域氧气含量低，而二次风入射区域氧气含量较高，主要是因为一次风有煤粉喷入，燃烧消耗大量的氧气，而二次风有大量的新鲜空气喷入补充。在燃烧器区域煤粉高温燃烧，氧气消耗较快，故该处大部分区域的氧气含量较低。

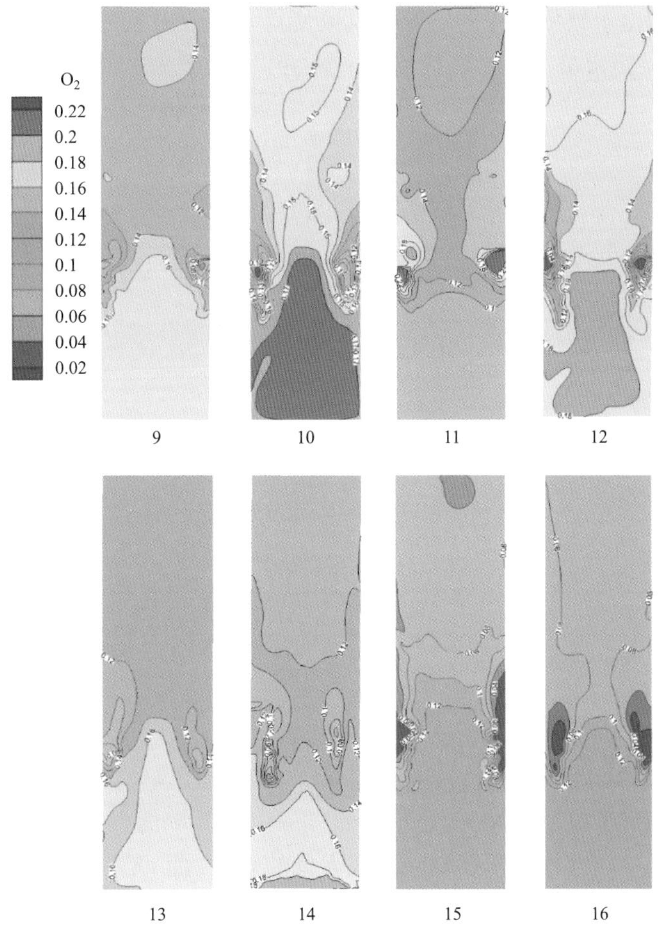

图 5-37 O_2 的组分分布

（2）CO_2。不同污泥掺烧量工况下，CO_2 分布类似，炉内 CO_2 的质量浓度分布与温度有很大的关系，高温区对应着 CO_2 低质量浓度。这是由于在炉膛高温区煤粉与氧气发生剧烈的燃烧反应，消耗大量的氧气而主要生成 CO。CO 大量生成后，由于烟气温度较高，氧量充足，CO 燃烧生成 CO_2，因此炉膛上部的 CO_2 浓度很高，O_2 浓度较低，到炉膛出口 O_2 已经几乎消耗完全。

5.2.4 氮氧化物分布规律

通过对氮氧化物浓度分布的分析，与低水分工况相比，高水分工况的氮氧化物浓度略有降低。这主要是因为高水分工况的燃烧中心温度与低水分工况相比显著降低，导致热力型氮氧化物的浓度大幅降低。燃烧器出口附近的氮氧化物沿着炉膛中心温度适当降低，这主要是因为煤粉到高温烟气的影响，挥发分迅速析出并燃烧，温度升高，空气中的氮气和煤粉中的氮氧化物经过一系列的复杂的氧化还原反应生成大量的氮氧化物。同时炉膛中心区域的由于缺氧形成的还原气氛区使得一部分氮氧化物被还原。NO_x 组分分布如图 5-38 所示，高水分工况氮氧化物浓度如图 5-4 所示。

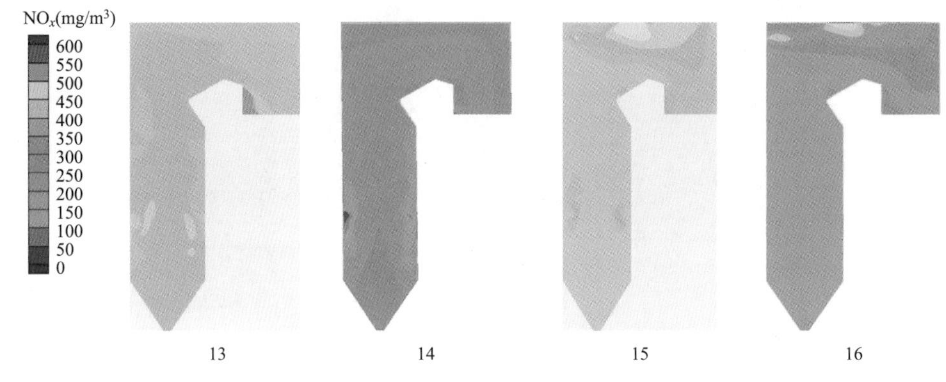

图 5-38　NO_x 组分分布

表 5-4　高水分工况氮氧化物浓度

工况号	NO_x（mg/m^3）
13	341.50
14	323.85
15	259.35
16	266.75

不同污泥掺烧量工况下，NO_x 分布类似。一次风区域的 NO_x 排放量低，主要是因为此处因为燃料量多而空气量不足导致生成大量的 CO，而 CO 具有较强的还原作用，阻碍了 NO_x 的生成，导致 NO_x 的含量较低。在二次风入射区域的高温区 NO_x 含量最高，主要是因为在高温下热力型 NO_x 的生成量较明显，而且煤粉燃烧生成较多的燃料型 NO_x，而且该区域有大量的新鲜空气补充，CO 与 O_2 反应而消耗 CO，此区域 CO 含量降低，CO 对 NO_x 的还原阻碍作用减弱。所以在燃烧器区域 NO_x 的含量较高，随着气体的混合和扩散，在炉膛出口处 NO_x 含量逐渐稳定。此外，由图 5-38 可知，随着污泥掺烧量的增多，NO_x 含量降低，主要是随着污泥掺烧量的增加，炉膛的温度降低，导致热力型 NO_x 的生成减少，而且温度降低后，生成的 CO 会增加，相应亦会阻碍了 NO_x 的生成；同时，中间产物 HCN 的还原作用使得燃料型氮氧化物的含量减少。

由于本组工况水分含量比较多，15、16 号工况的燃烧不稳定，火焰中心温度偏低，因此燃烧不充分不彻底，大量可燃组分以灰渣的形式落入到冷灰斗中，所以温度偏低。同时由于温度的显著降低导致热力型 NO_x 的含量降低，空气中氮气的还原反应的反应速率大大降低，随着污泥的含量的增加，氮氧化物的含量和成分显著降低。

5.3 数值模拟结论

本研究通过数值模拟与实际运行相结合的方法，针对煤粉掺烧不同含量印染污泥、掺烧不同含水量印染污泥以及不同的配风方案等工况，研究分析炉膛内燃烧特性和污染物排放特性，主要得到以下结论：

（1）随着掺烧污泥量的增加，炉膛温度、下炉膛出口温度和屏式过热器温度降低；随着掺烧污泥量的增加，出口 H_2O 含量增加；随着掺烧污泥量的增加，出口 NO_x 排放量呈现先增加后减少的趋势；随着掺烧污泥量的增加，燃料灰分的软化温度降低；为保证锅炉安全，最大的污泥掺烧比为 8%。

（2）通过双混合/PDF 模型的数值计算，炉内温度和氧浓度分布呈现非均匀和对角对称分布特性。与纯煤粉工况相比，少量污泥的掺混后的速度场和温度场分布与纯煤粉燃烧相似；污泥掺混煤粉燃烧不会显著改变炉膛的燃烧工况和温度场分布；污泥的掺混是可行的，不会改变炉膛的整体燃烧。

（3）低水分污泥的掺混会使得火焰中心温度降低 50～150℃，同时使得煤粉燃烧不充分，建议掺混比例在 8%以下；高水分污泥的掺混会显著破坏燃烧的稳定性，降低炉膛中心燃烧温度可达 200℃以上，同时破坏可燃组分燃烧的稳定性，所以原则上不建议采用。建议掺混比例在 4%以下或进行干燥预处理。污泥的掺混会显著地降低煤粉燃烧的充分燃烧程度。

（4）污泥掺混燃烧的速度场与传统的相似，但炉膛的整体温度有所降低，而炉膛最高温度位置提高，并随污泥掺混比例和水分的增加更趋明显，这很容易导致炉膛出口温度过高，炉膛出口受热面结渣，在实际应用中应予以重视。

（5）污泥的掺混会使得烟气中的氮氧化物含量呈显著增加的趋势，这是因为污泥中氮的质量分数会显著高于煤粉。但是对于高水分掺混工况，由于掺混煤粉后温度的显著降低，导致热力型 NO_x 的含量大幅下降，因此出口的氮氧化物的含量下降。总体而言，污泥掺混会增加电厂的脱硝处理负担。

第6章　污泥成分分析及烟气监测环保标准

6.1　污泥处置现状

由于污泥的复杂性、处理技术的成熟度、污水处理厂环境的差异，污泥处置的最终途径和最终归宿各不相同，带来的问题各异。不同处置方式的社会认同度和环境效应也存在很大差别。各个国家和地区就污泥的处置问题都给予了高度重视。目前，污泥处理工艺主要有：污泥填埋、污泥土地利用、污泥建筑材料利用、污泥焚烧，现对上述四种污泥处理工艺进行对比分析如下。

1. 污泥填埋

污泥填埋分为单独填埋和混合填埋，单独填埋指污泥在专用填埋场进行填埋处置，混合填埋指污泥与生活垃圾混合在填埋场进行填埋处理。进行污泥混合填埋时，需将污泥干化至60%以下，且混合比不得高于8%。

根据资料调查，污泥填埋在国外逐渐被限制和淘汰使用，在我国也逐渐进行淘汰，主要问题是：一是消耗大量土地资源，不少城市很难找到新的填埋场；二是由于含水率高，污泥在填埋过程中将产生大量的渗滤液，大部分和垃圾混合填埋的垃圾场存在拒收污泥的现象；三是对填埋气进行资源化利用的填埋场较少，填埋气体（主要成分为甲烷）为温室气体，会对大气造成一定污染，并存在安全隐患。

2. 污泥土地利用

土地利用指经处理后的污泥或污泥产品（含水率小于或等于60%）用于园林、绿地、土壤修复及改良等。土地利用的优点不仅可以利用土壤的自净能力对污泥进一步无害化处理，污泥中的有效成分还可改善土壤结构。而缺点是很容易造成环境的二次污染；污泥中含有较多的病原微生物、重金属和寄生虫卵可能会对周围环境和食物链造成危害；处理处置周期长等。

3. 污泥建筑材料利用

污泥建筑材料利用目前一般包括用作水泥添加料、制砖和轻质骨料等，此外还有污泥制生化纤维板、路基材料、围栏等工艺，是一种新兴的污泥回用方法，较农业利用，能源化利用具有经济效益明显，无处置残留物等优势，但在中国甚至西方发达国家，大多还处于研究及尝试阶段，技术成熟及推广应用还需要一段很长的时间。

4. 污泥焚烧

采用焚烧方式对污泥进行处置，既可实现污泥中能量的回收，又可在高温环境下完全杀灭其中的病菌和异味物质，焚烧灰还可以作为建筑材料利用，实现减量化、无害化和稳定化。从焚烧处置方式上分，有单烧和混烧两种，一般采用兴建专门焚烧炉的方式进行污泥的单独焚烧，显然要求污泥具有很高的发热量才能维持焚烧的持续进行。当前通常采用将污泥与煤、垃圾、生物质等高发热量燃料进行混烧的方式实现污泥的混烧。混烧的炉型有流化床锅炉、煤粉炉、链条炉等多种。显然，在添加同样多污泥的条件下，锅炉的容量越大，需要消耗的燃料量就越大，污泥的质量分数就越低，对锅炉产生的影响就越小。

理论和实践证明，含水率在 80%左右污泥无法实现稳定燃烧，通常要经过干化处理，即通过加热实现污泥中水分与污泥干基的分离后才能进行正常的焚烧。显然，污泥中水分越低，对燃烧的影响越小，但由于干污泥中有较高挥发分，含水率过低会对系统的输运、安全等诸方面造成影响，从而增加设备投入，因此一般采用含水率 30%～40%的污泥进行进入锅炉燃料制备系统。

通过对比，目前的污泥干化技术通过对污泥干化过程的控制，可以最大程度地满足锅炉焚烧的要求，对锅炉的安全稳定运行不造成影响，对环境影响小、三废处置完全，实现“零排放”。该方案的优势在于：①在不新建焚烧炉的情况下，通过为既有锅炉提供燃料的方式进行污泥焚烧，充分利用了既有炉型的燃烧潜力；②通过对污泥干化后进行焚烧处置，可极大减少污泥外运所需的费用，并避免二次污染的产生。

6.2　入炉污泥标准

由于国内并未对制定专门的燃煤电厂协同处置污泥的技术规范及泥质标准，有必要对进入电厂燃煤锅炉进行掺烧的污泥泥质进行研究。污泥成分比较复杂，从污水厂来源划分，一般分为生活污水厂污泥、工业污泥和危险废物污泥。生活污水厂一般是来源于生活污泥，有害成分较少，工业污泥成分复杂，一般含有较多的重金属等有害成分，具体有害成分与工厂工艺有关，每个污水厂特性不一样，需要分别对待。进行工业污泥掺烧，要针对污泥进行化验，确保泥质合格，且有害成分可接受的前提下进行，避免掺烧量过大影响电厂灰渣特性。危险废物类污泥（含油污泥、有机溶剂污泥、表面处理废物类污泥等）只能送到专门的危险废物处置单位处理，不能在燃煤锅炉进行掺烧。由于燃煤机组重金属排放量比较少，国内没有针对燃煤电厂制定重金属排放指标，污泥一般含有较多重金属。为了避免重金属排放对环境造成影响，需要企业制定出入炉污泥泥质标准和烟气重金属排放标准。以广东某电厂 300MW 机组为例，参考国内《城镇污水处理厂污泥泥质》（GB 24188—2009）、《城镇污水处理厂污泥处置　单独焚烧用泥质》（GB/T 24602—2009）制定入炉掺烧污泥的泥质标准，按照规定定期监测。对于未达到入炉标准的污泥，将拒绝接收其入厂。入炉掺烧污泥的泥质要求见表 6-1。

表 6-1　　入炉掺烧污泥的泥质要求

<table>
<tr><th>序号</th><th colspan="2">标准项目</th><th colspan="2">具体要求</th></tr>
<tr><td>1</td><td colspan="2">pH</td><td colspan="2">5～10</td></tr>
<tr><td>2</td><td colspan="2">污泥干基低位发热值</td><td colspan="2">>3500kJ/kg</td></tr>
<tr><td>3</td><td colspan="2">污泥来源</td><td colspan="2">广州市域城镇污水处理厂</td></tr>
<tr><td rowspan="16">4</td><td colspan="4">污染物指标满足《城镇污水处理厂污泥处置　单独焚烧用泥质》（GB/T 24602—2009）污染物指标要求</td></tr>
<tr><td rowspan="15">浸出液浓度</td><td>污染物项目</td><td>标准（mg/L）</td><td>检测周期</td></tr>
<tr><td>烷基汞</td><td>不得检出</td><td>每季度一次</td></tr>
<tr><td>汞（以总汞计）</td><td>≤0.1</td><td>每季度一次</td></tr>
<tr><td>铅（以总铅计）</td><td>≤5</td><td>每季度一次</td></tr>
<tr><td>镉（以总镉计）</td><td>≤1</td><td>每季度一次</td></tr>
<tr><td>总铬</td><td>≤15</td><td>每季度一次</td></tr>
<tr><td>六价铬</td><td>≤5</td><td>每季度一次</td></tr>
<tr><td>铜（以总铜计）</td><td>≤100</td><td>每季度一次</td></tr>
<tr><td>锌（以总锌计）</td><td>≤100</td><td>每季度一次</td></tr>
<tr><td>铍（以总铍计）</td><td>≤0.02</td><td>每季度一次</td></tr>
<tr><td>钡（以总钡计）</td><td>≤100</td><td>每季度一次</td></tr>
<tr><td>镍（以总镍计）</td><td>≤5</td><td>每季度一次</td></tr>
<tr><td>砷（以总砷计）</td><td>≤5</td><td>每季度一次</td></tr>
<tr><td>无机氟化物（不包括氟化钙）</td><td>≤100</td><td>每季度一次</td></tr>
<tr><td>氰化物（以 CN-计）</td><td>≤5</td><td>每季度一次</td></tr>
<tr><td rowspan="13">5</td><td colspan="4">污染物指标满足《城镇污水处理厂污泥泥质》（GB 24188—2009）污染物指标要求</td></tr>
<tr><td rowspan="12">污染物含量（mg/L）</td><td>污染物项目</td><td>标准（mg/kg）</td><td>检测周期</td></tr>
<tr><td>总镉</td><td><20</td><td>每季度一次</td></tr>
<tr><td>总汞</td><td><25</td><td>每季度一次</td></tr>
<tr><td>总铅</td><td><1000</td><td>每季度一次</td></tr>
<tr><td>总铬</td><td><1000</td><td>每季度一次</td></tr>
<tr><td>总砷</td><td><75</td><td>每季度一次</td></tr>
<tr><td>总铜</td><td><1500</td><td>每季度一次</td></tr>
<tr><td>总锌</td><td><4000</td><td>每季度一次</td></tr>
<tr><td>总镍</td><td><200</td><td>每季度一次</td></tr>
<tr><td>矿物油</td><td><3000</td><td>每季度一次</td></tr>
<tr><td>挥发酚</td><td><400</td><td>每季度一次</td></tr>
<tr><td>总氰化物</td><td><10</td><td>每季度一次</td></tr>
</table>

根据以上标准，对该电厂入厂污泥进行了多次化验，都在标准之内。所选用的污水处理厂重金属含量满足《城镇污水处理厂污泥泥质》（GB 24188—2009）要求，污泥浸出液浓度满足《城镇污水处理厂污泥处置单独焚烧用泥质》（GB/T 24602—2009）要求，污泥泥质较好。表 6-2 为各污水处理厂污泥重金属含量一览表，表 6-3 为污泥浸出液浓度。

表 6-2　　各污水处理厂污泥重金属含量一览表（有机质除外）　　(mg/kg)

重金属	猎德污水处理厂	西朗污水处理厂	沥滘污水处理厂	南沙污水处理厂	《城镇污水处理厂污泥泥质》(GB 24188—2009) 规定
铬	75	39.5	56	276	<1000
汞	0.22	0.11	0.39	1.07	<25
镍	42.5	23.8	25.5	181	<200
铅	54.1	64.6	44.8	67.2	<1000
砷	7.25	5.49	6.46	50.2	<75
铜	149	119	141	702	<1500
锌	507	404	376	690	<4000
镉	0	0.98	0	0.81	20
有机质（%）	38.6	27.3	36.4	38.1	—

表 6-3　　污泥浸出液浓度　　(mg/L)

检测项目	猎德污水处理厂	西朗污水处理厂	《城镇污水处理厂污泥处置单独焚烧用泥质》(GB/T 24602—2009) 规定
汞	0.00235	0.00023	≤0.1
铅	0.0015	0.00366	≤5
镉	0.00032	0.00035	≤1
铬	0.00467	0.0128	≤15
铜	0.0195	4.13	≤100
锌	0.174	0.037	≤100
砷	0.0153	0.0563	≤5
无机氟化物	<0.06	<0.15	≤100
氰化物	0.008	<0.04	≤5

6.3　污泥烟气监测标准

由于原煤中重金属含量极低，现有燃煤电厂排放中没有关于重金属排放的标准，然而污泥中含有较多重金属，电厂掺烧污泥，必须对烟气中的重金属进行检测与控制。

针对污泥重金属特性，并参照燃煤电厂超低排放标准与垃圾发电厂《生活垃圾焚烧污染控制标准》（GB 18485—2014），按照标准从严的原则，制定燃煤电厂掺烧污泥烟气排放标准，按照规定定期监测。表 6-4 为锅炉掺烧污泥的排放标准。

表 6-4　　锅炉掺烧污泥的排放标准

序号	项目	单位	《生活垃圾焚烧污染控制标准》(GB 18485—2014) 规定	该项目标准	检测周期
1	烟尘（标准状况）	mg/m^3	20	5	小时均值
2	二氧化硫（标准状况）	mg/m^3	80	35	小时均值
3	氮氧化物（标准状况）	mg/m^3	250	50	小时均值
4	氯化氢（标准状况）	mg/m^3	50	20	每季度一次
5	黑度（标准状况）	mg/m^3	1	1	每季度一次
6	汞及其化合物（标准状况）	mg/m^3	0.05	0.03	每季度一次
7	镉（标准状况）	mg/m^3	0.1	0.1	每季度一次
8	铅+砷+镍+铬+铜及其化合物（标准状况）	mg/m^3	0.05	0.05	每季度一次
9	二噁英类（标准状况）	ng TEQ/m^3	0.1	0.1	每年一次

6.4 污泥成分分析

污泥与原煤成分有所差异，在燃煤锅炉掺烧污泥，有必要对污泥成分分析，确保锅炉燃烧安全，化验内容包括污泥工业分析与元素分析、原煤灰成分化验、污泥灰成分化验、污泥重金属化验等。

6.4.1 污泥工业分析与元素分析

表 6-5 为污泥工业分析和元素分析化验结果。从污泥化验结果可以看出，40%含水率污泥收到基低位热值为 3110kJ/kg。

表 6-5　　污泥工业分析和元素分析化验结果

项目	符号	单位	方法	样品数值（含水率 40%）
空气干燥基水分	M_{ad}	%	分析	12.51
空气干燥基灰分	A_{ad}	%	分析	48.20
空气干燥基碳	C_{ad}	%	计算	16.50
空气干燥基氢	H_{ad}	%	分析	2.84
空气干燥基氧	O_{ad}	%	分析	14.95
空气干燥基氮	N_{ad}	%	分析	4.67
空气干燥基硫	S_{ad}	%	分析	0.33
空气干燥基挥发分	V_{ad}	%	分析	39.04
固定碳	FC_{ad}	%	分析	0.25
收到基水分	M_{ar}	%	分析	36.80
收到基碳	C_{ar}	%	计算	11.92

续表

项目	符号	单位	方法	样品数值（含水率 40%）
收到基氢	H_{ar}	%	计算	2.05
收到基氧	O_{ar}	%	计算	10.80
收到基氮	N_{ar}	%	计算	3.37
收到基硫	S_{ar}	%	计算	0.24
收到基灰分	A_{ar}	%	计算	34.82
收到基灰分	A_{ar}	%	分析	19.03
收到基挥发分	V_{ar}	%	分析	25.41
低位收到基热值	$Q_{ad,iar}$	kJ/kg	分析	3110.00

6.4.2　原煤灰成分化验结果

表 6-6 为原煤灰成分化验结果。

表 6-6　　原煤灰成分化验结果

项目	符号	单位	方法	数值
二氧化硅	SiO_2	%	分析	18.16
三氧化铝	Al_2O_3	%	分析	8.32
全三氧化二铁	TFe_2O_3	%	分析	29.96
五氧化二磷	P_2O_5	%	分析	0.53
氧化锰	MnO	%	分析	0.59
五氧化二钒	V_2O_5	%	分析	0.03
二氧化钛	TiO_2	%	分析	0.78
汞	Hg	ng/g	分析	31.00
三氧化硫	SO_3	%	分析	12.21
氧化钾	K_2O	%	分析	0.68
氧化钠	Na_2O	%	分析	0.12
氧化钙	CaO	%	分析	23.75
氧化锌	ZnO	%	分析	65.00
氧化铜	CuO	%	分析	0.02
氯	Cl	%	分析	0.02

6.4.3　污泥灰成分化验结果

表 6-7 为污泥灰成分化验结果。

表 6-7　　污泥灰成分化验结果

项目	符号	单位	方法	污泥样品数值（40%含水率）
二氧化硅	SiO_2	%	分析	11.04
三氧化铝	Al_2O_3	%	分析	4.42

续表

项目	符号	单位	方法	污泥样品数值（40%含水率）
全三氧化二铁	TFe_2O_3	%	分析	16.01
五氧化二磷	P_2O_5	%	分析	6.46
氧化锰	MnO	%	分析	0.21
五氧化二钒	V_2O_5	%	分析	0.02
二氧化钛	TiO_2	%	分析	0.65
汞	Hg	ng/g	分析	216.00
三氧化硫	SO_3	%	分析	10.30
氧化钾	K_2O	%	分析	0.86
氧化钠	Na_2O	mg/m^3	分析	—
氧化钙	CaO	%	分析	47.62
氧化锌	ZnO	mg/m^3	分析	0.17
氧化铜	CuO	%	分析	0.15
氯	Cl	%	分析	0.08

表6-8对比分析了原煤与不同种类污泥灰成分差异，干污泥含水率为40%。从表中可以看出如下规律：煤中五氧化二磷 P_2O_5 质量分数较高，达到了0.53%，而两种污泥中五氧化二磷 P_2O_5 分别为6.46%、8.7%。煤中汞含量为31ng/g，而污泥中汞含量分别达到了216ng/g，说明污泥中汞含量比原煤中汞的含量较高，需要控制污泥掺烧比例，避免重金属排放超标。湿污泥中二氧化硅 SiO_2 含量较高，达到了42.38%，而煤中二氧化硅 SiO_2 只有18.16%。湿污泥中三氧化铝 Al_2O_3 含量较高，达到了17.76%，而煤中三氧化铝 Al_2O_3 只有8.32%。

表6-8　原煤与不同种类污泥灰成分化验结果

项目	符号	单位	方法	原煤	污泥样品数值（40%含水率）
二氧化硅	SiO_2	%	分析	18.16	11.04
三氧化铝	Al_2O_3	%	分析	8.32	4.42
全三氧化二铁	TFe_2O_3	%	分析	29.96	16.01
五氧化二磷	P_2O_5	%	分析	0.53	6.46
氧化锰	MnO	%	分析	0.59	0.21
五氧化二钒	V_2O_5	%	分析	0.03	0.02
二氧化钛	TiO_2	%	分析	0.78	0.65
汞	Hg	ng/g	分析	31.00	216
三氧化硫	SO_3	%	分析	12.21	10.30
氧化钾	K_2O	%	分析	0.68	0.86
氧化钠	Na_2O	%	分析	0.12	—
氧化钙	CaO	%	分析	23.75	47.62
氧化锌	ZnO	%	分析	65.00	0.17
氧化铜	CuO	%	分析	0.02	0.15
氯	Cl	%	分析	0.02	0.08

6.4.4　污泥重金属成分化验

表 6-9 为污泥重金属成分化验结果，从表中可以得出：重金属含量满足《城镇污水处理厂污泥处置单独焚烧用泥质》（GB/T 24188—2009）要求。从表 6-9 的数据可以看出，污泥中 Zn、Cr、Cu、Mn 重金属元素含量较多，Ga、Sn 居中，Hg、As、Cd、Be 含量较少，这个与国内其他污泥化验结果接近。

表 6-9　　污泥重金属成分化验结果

样品名称	单位	干污泥样品 1	干污泥样品 2	干污泥样品 3	《城镇污水处理厂污泥处置单独焚烧用泥质》（GB/T 24188—2009）规定
Hg	mg/kg	ND	ND	ND	<25
As	mg/kg	2.02	2.49	1.84	<75
Cd	mg/kg	4.85	4.67	3.95	<20
Cu	mg/kg	457.52	201.87	135.19	<1500
Be	mg/kg	1.62	3.43	2.37	
Cr	mg/kg	169.3	167.29	88.64	<1000
Ga	mg/kg	23.46	33.64	14.47	
Mn	mg/kg	143.93	133.96	177.28	
Zn	mg/kg	577.67	500.31	675.43	<4000
Sn	mg/kg	92.23	98.75	42.08	

注　ND 表示检测的数值很小。

图 6-1 为不同污泥样品，重金属元素分布的规律。从图 6-1 中的数据不难看出，三种污泥样品重金属元素浓度分布规律比较一致，说明污泥来源比较稳定。

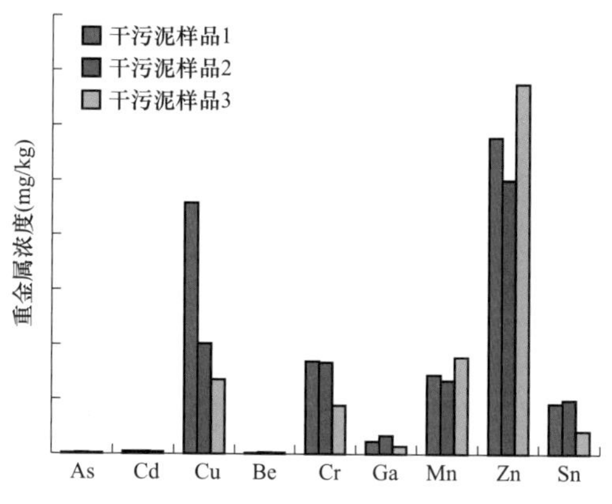

图 6-1　不同污泥样品重金属元素分布规律

6.5 本 章 小 结

本章主要进行了污泥成分分析以及烟气监测环保标准，主要得到以下结论：

(1) 参考《城镇污水处理厂污泥泥质》(GB 24188—2009)、《城镇污水处理厂污泥处置 单独焚烧用泥质》(GB/T 24602—2009) 制定入炉掺烧污泥的泥质标准，按照规定定期监测。对于未达到入炉标准的污泥，将拒绝接收其入厂。

(2) 针对污泥重金属特性，并参照燃煤电厂超低排放标准与《生活垃圾焚烧污染控制标准》(GB 18485—2014)，按照标准从严的原则，制定燃煤电厂掺烧污泥烟气排放标准，按照规定定期监测。

第7章　燃煤耦合污泥掺烧现场优化试验

7.1　300MW燃煤机组污泥掺烧锅炉性能优化试验

7.1.1　性能试验目的

为了确保燃煤耦合污泥发电项目安全可靠运行，降低污泥掺烧过程中对机组原有的燃煤煤质和制粉系统的影响，降低对煤电机组运行安全、运行效率、负荷调节和经济性影响，在某电厂300MW机组进行污泥掺烧试验。干化污泥掺烧试验在220～330MW高低多个负荷下进行，分别进行了干化污泥质量掺混比为3%、4%、5%、7%、10%的多项试验。整个试验过程中，锅炉燃烧稳定，制粉系统出力、锅炉带负荷能力满足生产要求，锅炉效率无明显变化。

7.1.2　燃料特性变化规律

1. 煤质工业分析和元素分析化验结果

表7-1为煤的元素分析和工业分析结果，从化验结果可以看出，锅炉燃用低卡印尼煤收到基水分较高，达到了35.7%，空气干燥基挥发分V_{ad}达到了41.64%，由于煤的水分较高，导致目前锅炉制粉系统干燥出力不够，磨煤机出口温度小于60℃，但是由于煤的挥发分较高，着火没有问题，从现场化验的飞灰和炉渣情况来看，飞灰和炉渣含碳量比较低，说明燃烧效果比较好。但是由于低卡印尼煤水分较高，导致锅炉烟气量相比设计煤种增加很多，导致排烟温度升高，目前锅炉排烟温度在300MW负荷下，达到了150℃，造成锅炉排烟热损失较高。建议电厂采取措施，通过更换低水分煤种、空气预热器换热原件更换等措施，降低排烟温度，从而降低排烟热损失，提高锅炉效率。

表7-1　　煤质化验结果

项目	符号	单位	方法	数值
空气干燥基水分	M_{ad}	%	分析	14.84

续表

项目	符号	单位	方法	数值
空气干燥基灰分	A_{ad}	%	分析	3.97
空气干燥基碳	C_{ad}	%	计算	57.48
空气干燥基氢	H_{ad}	%	分析	2.20
空气干燥基氧	O_{ad}	%	分析	20.37
空气干燥基氮	N_{ad}	%	分析	0.90
空气干燥基硫	S_{ad}	%	分析	0.24
空气干燥基挥发分	V_{ad}	%	分析	41.64
固定碳	FC_{ad}	%	分析	39.55
收到基水分	M_{ar}	%	分析	35.70
收到基碳	C_{ar}	%	计算	43.40
收到基氢	H_{ar}	%	计算	1.66
收到基氧	O_{ar}	%	计算	15.38
收到基氮	N_{ar}	%	计算	0.68
收到基硫	S_{ar}	%	计算	0.18
收到基灰分	A_{ar}	%	分析	19.03
收到基挥发分	V_{ar}	%	分析	25.41
低位收到基热值	$Q_{ad,iar}$	kJ/kg	分析	15420.00

2. 污泥工业分析和元素分析化验结果

表 7-2 为污泥工业分析和元素分析化验结果。从污泥化验结果可以看出，40%含水率污泥低位热值为 3110kJ/kg。

表 7-2　　污泥工业分析和元素分析化验结果

项目	符号	单位	方法	样品 1 数值（含水率 40%）
空气干燥基水分	M_{ad}	%	分析	12.51
空气干燥基灰分	A_{ad}	%	分析	48.20
空气干燥基碳	C_{ad}	%	计算	16.50
空气干燥基氢	H_{ad}	%	分析	2.84
空气干燥基氧	O_{ad}	%	分析	14.95
空气干燥基氮	N_{ad}	%	分析	4.67
空气干燥基硫	S_{ad}	%	分析	0.33
空气干燥基挥发分	V_{ad}	%	分析	39.04
固定碳	FC_{ad}	%	分析	0.25
收到基水分	M_{ar}	%	分析	36.80
收到基碳	C_{ar}	%	计算	11.92
收到基氢	H_{ar}	%	计算	2.05
收到基氧	O_{ar}	%	计算	10.80
收到基氮	N_{ar}	%	计算	3.37
收到基硫	S_{ar}	%	计算	0.24
收到基灰分	A_{ar}	%	计算	34.82

续表

项目	符号	单位	方法	样品 1 数值（含水率 40%）
收到基灰分	A_{ar}	%	分析	19.03
收到基挥发分	V_{ar}	%	分析	25.41
低位收到基热值	$Q_{ad,iar}$	kJ/kg	分析	3110.00

7.1.3　原煤灰成分化验结果

表 7-3 为原煤灰成分化验结果。

表 7-3　　原煤灰成分化验结果

项目	符号	单位	方法	数值
二氧化硅	SiO_2	%	分析	18.16
三氧化铝	Al_2O_3	%	分析	8.32
全三氧化二铁	TFe_2O_3	%	分析	29.96
五氧化二磷	P_2O_5	%	分析	0.53
氧化锰	MnO	%	分析	0.59
五氧化二钒	V_2O_5	%	分析	0.03
二氧化钛	TiO_2	%	分析	0.78
汞	Hg	ng/g	分析	31.00
三氧化硫	SO_3	%	分析	12.21
氧化钾	K_2O	%	分析	0.68
氧化钠	Na_2O	mg/m^3	分析	0.12
氧化钙	CaO	%	分析	23.75
氧化锌	ZnO	mg/m^3	分析	65.00
氧化铜	CuO	%	分析	0.02
氯	Cl	%	分析	0.02

表 7-4 为试验期间污泥灰成分化验结果。

表 7-4　　污泥灰成分化验结果

项目	符号	单位	方法	污泥样品 1 数值（40%含水率）
二氧化硅	SiO_2	%	分析	11.04
三氧化铝	Al_2O_3	%	分析	4.42
全三氧化二铁	TFe_2O_3	%	分析	16.01
五氧化二磷	P_2O_5	%	分析	6.46
氧化锰	MnO	%	分析	0.21
五氧化二钒	V_2O_5	%	分析	0.02
二氧化钛	TiO_2	%	分析	0.65
汞	Hg	ng/g	分析	216.00
三氧化硫	SO_3	%	分析	10.30
氧化钾	K_2O	%	分析	0.86

续表

项目	符号	单位	方法	污泥样品1数值（40%含水率）
氧化钠	Na_2O	mg/m^3	分析	—
氧化钙	CaO	%	分析	47.62
氧化锌	ZnO	mg/m^3	分析	0.17
氧化铜	CuO	%	分析	0.15
氯	Cl	%	分析	0.08

表7-5对比分析了原煤与不同种类污泥灰成分差异，干污泥含水率为40%。从表中可以看出如下规律：煤中五氧化二磷 P_2O_5 质量分数为0.53%，污泥中五氧化二磷 P_2O_5 分别为6.46%。煤中汞含量为31ng/g，污泥中汞含量分别达到了216ng/g。污泥中二氧化硅 SiO_2 含量为11.04%，煤中二氧化硅 SiO_2 为18.16%。污泥中三氧化铝 Al_2O_3 含量为4.42%，煤中三氧化铝 Al_2O_3 为8.32%。

表7-5　原煤与不同种类污泥灰成分化验结果

项目	符号	单位	方法	原煤	污泥样品1数值（40%含水率）
二氧化硅	SiO_2	%	分析	18.16	11.04
三氧化铝	Al_2O_3	%	分析	8.32	4.42
全三氧化二铁	TFe_2O_3	%	分析	29.96	16.01
五氧化二磷	P_2O_5	%	分析	0.53	6.46
氧化锰	MnO	%	分析	0.59	0.21
五氧化二钒	V_2O_5	%	分析	0.03	0.02
二氧化钛	TiO_2	%	分析	0.78	0.65
汞	Hg	ng/g	分析	31.00	216.00
三氧化硫	SO_3	%	分析	12.21	10.30
氧化钾	K_2O	%	分析	0.68	0.86
氧化钠	Na_2O	mg/m^3	分析	0.12	—
氧化钙	CaO	%	分析	23.75	47.62
氧化锌	ZnO	mg/m^3	分析	65.00	0.17
氧化铜	CuO	%	分析	0.02	0.15
氯	Cl	%	分析	0.02	0.08

图7-1给出了煤与污泥灰成分对比。从图中可以明显看出煤与污泥在灰成分上的差异。

7.1.4　锅炉结渣特性分析

现有电厂燃用煤种为低卡印尼煤，现场实际运行过程中发现锅炉容易结焦，为了定量分析污泥掺烧后是否会加剧锅炉结焦的可能，计算了纯烧印尼煤和污泥掺烧后锅炉结渣指数变化的情况，为现场优化运行提供指导。结渣指标采用灰成分中的碱酸比 B/A 来计算，A 代表灰中酸性成分的质量百分比含量，B 代表灰中碱性成分的质量百分比含量。当 B/A 大于0.7时为强结渣燃料，B/A 为0.4～0.7时为结渣燃料，B/A 为0.1～0.4

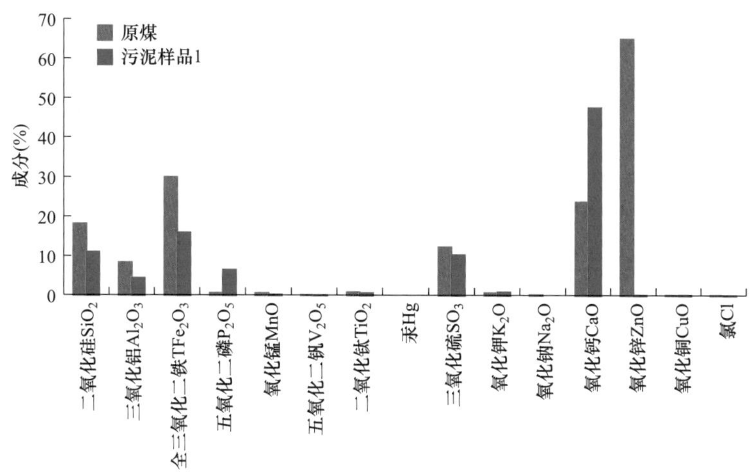

图 7-1　煤与污泥灰成分对比

时为轻微结渣燃料，小于 0.1 时为不结渣燃料。通过前面化验得到的煤与污泥灰成分计算得到，纯烧印尼煤时，B/A 为 2.0，说明目前锅炉燃用的煤种为强结渣煤，污泥 B/A 为 0.25，因此污泥掺烧后，会降低锅炉结焦性。

煤燃烧后的煤灰可能会对高温受热面（包括炉膛水冷壁、高温过热器、高温再热器）有沾污的倾向，因此有必要分析掺烧污泥后是否会增加沾污倾向。这种沾污倾向可以用沾污指数 RF 来衡量，RF 为碱酸比与 Na_2O 质量百分比的乘积，判断指标为 RF 小于 0.2 为轻微沾污，0.2～0.5 为中等沾污，0.5～1.0 为强沾污，大于 1.0 为严重沾污。通过计算发现，煤灰的沾污指数为 0.24，而污泥的沾污指数为 0.1，因此掺烧污泥不会增加灰的沾污倾向。

表 7-6 为试验期间污泥重金属含量成分化验结果，从表中可以得出：重金属含量满足《城镇污水处理厂污泥处置单独焚烧用泥质》（GB/T 24188—2009）要求。从表 7-6 的数据可以看出，污泥中 Zn、Cr、Cu、Mn 重金属元素含量较多，Ga、Sn 居中，Hg、As、Cd、Be 含量较少，这个与国内其他污泥化验结果接近。

表 7-6　　污泥重金属成分化验结果

样品名称	单位	干污泥样品 1	干污泥样品 2	干污泥样品 3	参考《城镇污水处理厂污泥泥质》(GB 24188—2009）规定
Hg	mg/kg	ND	ND	ND	<25
As	mg/kg	2.02	2.49	1.84	<75
Cd	mg/kg	4.85	4.67	3.95	<20
Cu	mg/kg	457.52	201.87	135.19	<1500
Be	mg/kg	1.62	3.43	2.37	
Cr	mg/kg	169.3	167.29	88.64	<1000

续表

样品名称	单位	干污泥样品 1	干污泥样品 2	干污泥样品 3	参考《城镇污水处理厂污泥泥质》(GB 24188—2009) 规定
Ga	mg/kg	23.46	33.64	14.47	
Mn	mg/kg	143.93	133.96	177.28	
Zn	mg/kg	577.67	500.31	675.43	<4000
Sn	mg/kg	92.23	98.75	42.08	

注 ND 表示检测的数值很小。

图 7-2 为不同污泥样品重金属元素分布的规律。从图 7-2 中的数据不难看出，三种污泥样品重金属元素浓度分布规律比较一致，说明污泥来源比较稳定。

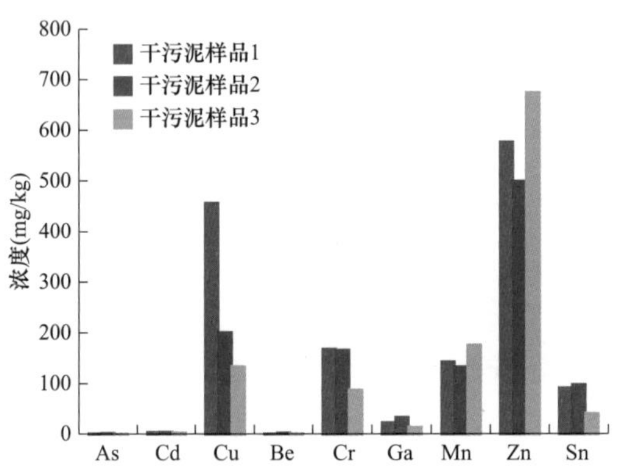

图 7-2 不同污泥样品重金属元素分布规律

7.1.5 脱硫石膏重金属元素化验结果

表 7-7 为脱硫石膏重金属元素化验结果。根据《城镇污水处理厂污染物排放标准》(GB 18918—2002)，从现场实际化验结果可以看出，目前脱硫石膏中重金属元素都满足标准要求，而且重金属元素浓度都比标准低。

表 7-7 脱硫石膏重金属元素化验结果 (mg/kg)

样品名称	单位	工况 3	工况 4	参考《城镇污水处理厂污染物排放标准》(GB 18918—2002) 规定
Hg	mg/kg	ND	ND	<15
As	mg/kg	ND	ND	<75
Cd	mg/kg	2.36	2.20	<20
Cu	mg/kg	30.89	25.48	<1500
Be	mg/kg	0.79	0.66	
Cr	mg/kg	8.64	7.03	<1000

续表

样品名称	单位	工况 3	工况 4	参考《城镇污水处理厂污染物排放标准》(GB 18918—2002) 规定
Ga	mg/kg	50.00	44.82	
Mn	mg/kg	27.49	29.22	
Ti	mg/kg	47.91	64.15	
Zn	mg/kg	21.47	20.21	<3000
Sn	mg/kg	49.48	48.11	

图 7-3 为不同工况下重金属元素分布规律，总体上看，不同掺烧比例下，重金属元素浓度分布规律基本接近。

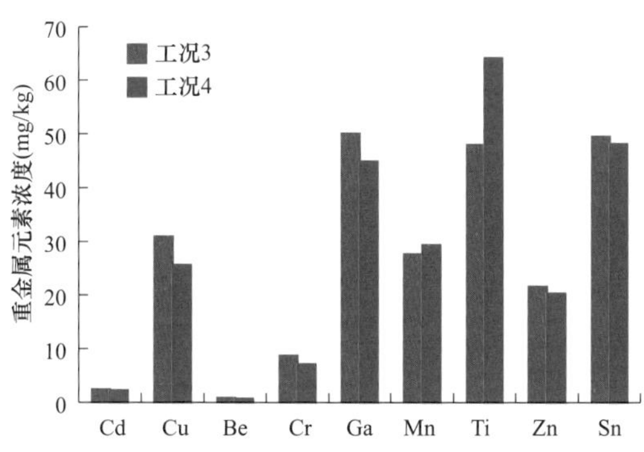

图 7-3　不同工况下重金属元素分布规律

7.1.6　炉渣中重金属元素化验结果

表 7-8 为不同掺烧比率以及不同含水率污泥试验期间，采样炉渣中重金属含量化验结果。根据《城镇污水处理厂污染物排放标准》(GB 18918—2002)，目前炉渣中重金属元素浓度都满足环保要求，而且炉渣中重金属元素浓度都优于标准排放限值。从表 7-8 的数据可以看出：Cu、Cr、Mn、Ti、Zn 等重金属元素含量较多，说明这些重金属元素不容易挥发，容易在炉渣中沉积。As、Cd、Be、Ga 在炉渣中含量较小，说明这些重金属元素非常容易挥发。

表 7-8　　炉渣中重金属元素分析结果　　(mg/kg)

样品名称	单位	工况 4	工况 3	工况 2	参考《城镇污水处理厂污染物排放标准》(GB 18918—2002) 规定
Hg	mg/kg	ND	ND	ND	<15
As	mg/kg	ND	1.41	6.30	<75
Cd	mg/kg	ND	4.22	6.58	<20

续表

样品名称	单位	工况 4	工况 3	工况 2	参考《城镇污水处理厂污染物排放标准》(GB 18918—2002）规定
Cu	mg/kg	72.82	185.65	156.44	<1500
Be	mg/kg	1.13	4.92	4.38	
Cr	mg/kg	93.84	707.81	783.29	<1000
Ga	mg/kg	18.39	49.23	66.58	
Mn	mg/kg	182.04	211.2	182.63	
Ti	mg/kg	153.2	214.33	312.5	
Zn	mg/kg	31.53	205.70	201.64	<3000
Sn	mg/kg	22.52	96.69	127.95	

图 7-4 为不同工况下重金属元素分布的规律。从图中可以看出，在不同掺烧比例下，重金属分布的规律较为一致。

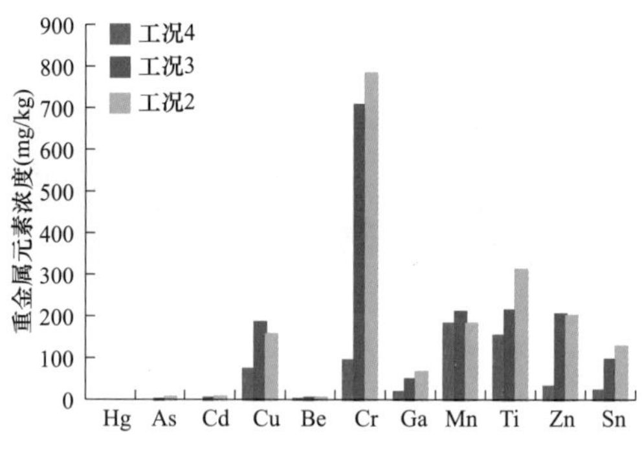

图 7-4　不同工况下重金属元素分布规律

7.1.7　电除尘灰中重金属元素化验结果

表 7-9 为电除尘灰重金属元素化验结果。根据《城镇污水处理厂污染物排放标准》(GB 18918—2002)，目前电除尘灰中重金属元素浓度都满足环保要求，而且灰中重金属元素浓度都优于标准排放限值。从表 7-9 中化验数据得出：Cu、Ga、Mn、Ti 等重金属元素含量较多，说明这些重金属元素挥发性较强，容易在飞灰中沉积；Hg、As、Cd、Be、Cr、Sn 等重金属元素含量较少。

表 7-9　　电除尘灰重金属元素分析结果　　(mg/kg)

样品名称	单位	工况 3	工况 4	参考《城镇污水处理厂污染物排放标准》(GB 18918—2002）规定
Hg	mg/kg	1.8	0.5	<15
As	mg/kg	13.02	11.82	<75

续表

样品名称	单位	工况 3	工况 4	参考《城镇污水处理厂污染物排放标准》(GB 18918—2002)规定
Cd	mg/kg	3.16	6.08	<20
Cu	mg/kg	101.2	110.3	<1500
Be	mg/kg	1.88	1.98	
Cr	mg/kg	17.19	18.16	<1000
Ga	mg/kg	84.84	85.20	
Mn	mg/kg	112.3	104.3	
Ti	mg/kg	211.2	123.4	
Zn	mg/kg	91.46	34.03	<3000
Sn	mg/kg	13.59	14.56	

图 7-5 为不同工况下重金属元素分布的规律。从图中可以看出，在不同掺烧比例下，重金属分布的规律较为一致。

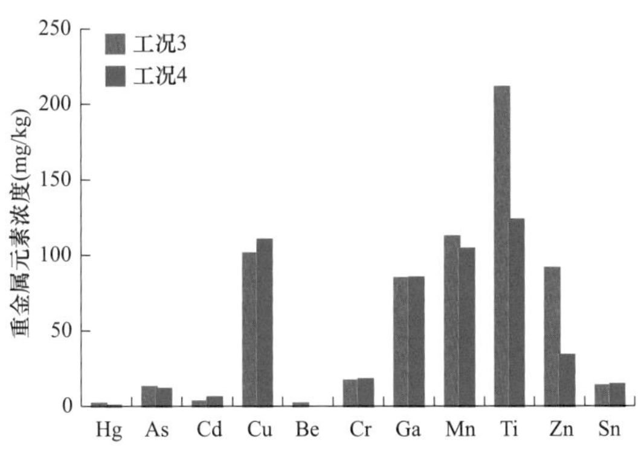

图 7-5 不同工况下重金属元素分布规律

7.1.8 重金属元素炉渣和飞灰中对比分析

图 7-6、图 7-7 为重金属元素在炉渣与飞灰中浓度对比分析。从工况 4 可以看出，不同重金属在炉渣和飞灰中富集的程度有一定的差异，对于 Cu、Ga、Ti、Sn 等重金属元素更容易在飞灰中富集，而 Cr、Mn、Sn 等重金属元素更容易在炉渣中富集，这种不同重金属元素富集的规律，与锅炉炉膛燃烧温度、燃烧方式等有关。

7.1.9 脱硫废水中重金属元素化验结果

表 7-10 为脱硫废水中重金属元素化验结果，根据《城镇污水处理厂污染物排放标准》(GB 18918—2002) 的排放要求，可以看出，在污泥掺烧后，脱硫废水中指标满足相应的排放要求。

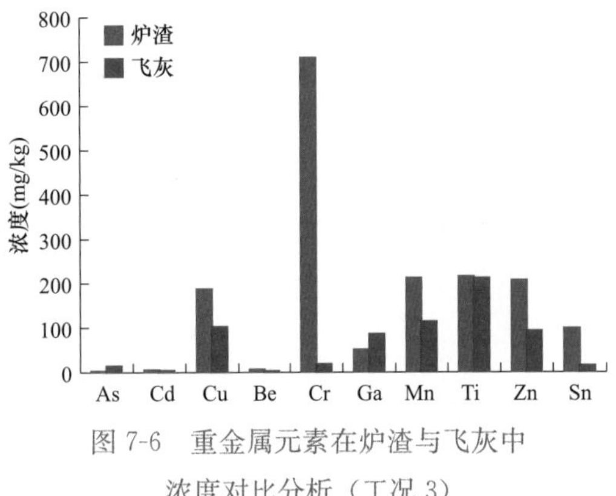

图 7-6　重金属元素在炉渣与飞灰中浓度对比分析（工况 3）

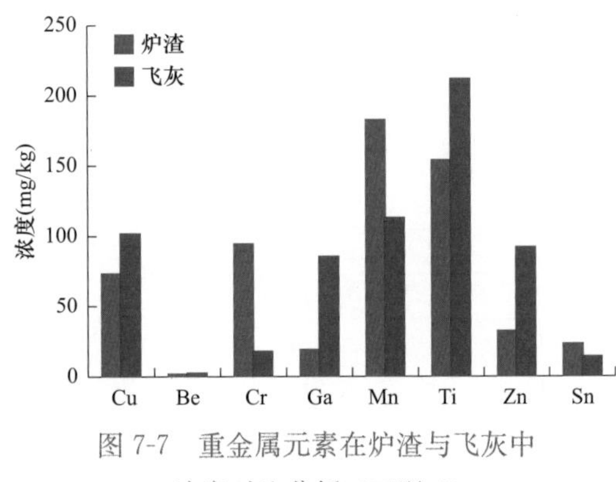

图 7-7　重金属元素在炉渣与飞灰中浓度对比分析（工况 4）

表 7-10　　脱硫废水中重金属元素化验结果　　(mg/L)

样品名称	工况 2	工况 3	工况 4	参考《城镇污水处理厂污染物排放标准》(GB 18918—2002）规定
Cd	0.002	0.003	0.001	<0.01
Cu	0.047	0.021	0.018	<0.5
Pb	0.035	0.016	0.008	<0.1
Hg	0.0001	0.0002	0.0001	<0.001
Ag	0.005	0.003	0.002	<0.1
Al	0.054	0.023	0.003	
Be	0.0001	0.0003	0.0001	<0.002
Ga	0.076	0.004	0.003	
Mn	0.046	0.016	0.012	<2.0
Ni	0.007	0.015	0.01	<0.05
Tl	0.078	0.046	0.043	
Ti	0.002	0.002	0.002	
Zn	0.019	0.028	0.021	<1.0
Sn	0.014	0.015	0.004	<0.1
Co	0.019	0.009	0.013	<0.1

7.1.10　脱硫浆液中重金属元素化验结果

表 7-11 为脱硫浆液中重金属元素化验结果，根据《城镇污水处理厂污染物排放标准》(GB 18918—2002）的排放要求，可以看出，在污泥掺烧后，脱硫浆液中指标满足相应的排放要求。

表 7-11　　脱硫浆液中重金属元素分析结果　　(mg/L)

样品名称	工况 2	工况 3	工况 4	参考《城镇污水处理厂污染物排放标准》(GB 18918—2002）规定
Cd	0.002	0.002	0.001	<0.01
Cu	0.023	0.021	0.018	<0.5

续表

样品名称	工况 2	工况 3	工况 4	参考《城镇污水处理厂污染物排放标准》(GB 18918—2002) 规定
Pb	0.018	0.016	0.016	<0.1
Ag	0.003	0.003	0.002	<0.1
Al	0.001	0.001	0.001	
Be	0.0002	0.0002	0.0002	<0.002
Ga	0.004	0.004	0.003	
Mn	0.018	0.016	0.014	<2.0
Ni	0.003	0.002	0.001	<0.05
Tl	0.005	0.004	0.004	
Ti	0.002	0.002	0.002	
Zn	0.012	0.001	0.009	<1.0
Sn	0.006	0.005	0.005	<0.1
Fe	0.001	0.009	0.009	
Co	0.002	0.001	0.002	<0.1

7.2　660MW 燃煤机组污泥掺烧锅炉性能优化试验

7.2.1　污泥掺烧燃料特性分析

表 7-12 为不同污泥掺烧比率下煤质成分变化规律。从表 7-12 可以看出，随着污泥掺烧比率的增加，燃料的热值逐渐降低，灰分含量逐渐增加，主要原因是污泥中全水分 M_{ar} 高达 40%～50%；灰分 A_{ad} 含量很高，约为 55%；东莞生活污泥中 S_{ar} 含量为 0.78%，污泥热值只有 1910MJ/kg，热值较低。从上面的分析可以看出：原煤掺烧污泥，增加了燃料的水分，这对原煤煤仓的堵塞会产生一定影响；燃料灰分和热值降低，对锅炉燃烧和锅炉效率会产生一定影响。

表 7-12　不同污泥掺烧比率下煤质成分变化规律

分析项目	符号	单位	粤电 82-印尼煤	中保 2 号原煤	东莞生活污泥	中保 2 号原煤+污泥		
						掺入 3% 污泥	掺入 6% 污泥	掺入 10% 污泥
全水分	M_{ar}	%	22.3	5.5	50.7	6.80	8.10	9.91
工业分析	M_{ad}	%	14.14	3.18	4.36	3.12	3.16	3.14
	A_{ad}	%	8.5	19.01	54.9	19.71	20.78	21.84
	V_{ad}	%	36.32	30.5	36.39	30.68	30.85	30.48
元素分析	C_{ar}	%	52.14	61.33	8.27	59.74	58.15	54.80
	H_{ar}	%	3.44	4.12	1.44	3.91	3.83	3.73
	O_{ar}	%	12.81	8.48	9.01	8.33	8.34	8.45
	N_{ar}	%	0.94	0.92	1.50	0.93	0.94	0.97
	S_{ar}	%	0.67	1.09	0.78	1.08	1.07	1.05

续表

分析项目	符号	单位	粤电 82-印尼煤	中保 2 号原煤	东莞生活污泥	中保 2 号原煤+污泥		
						掺入 3%污泥	掺入 6%污泥	掺入 10%污泥
低位热值	$Q_{net,ar}$	MJ/kg	19480	23690	1910	23017.50	22383.2	21512

原煤和污泥灰熔融性特性见表 7-13，中保 2 号原煤软化温度大于 1500℃，中保 2 号原煤掺入 3%、6%和 10%污泥的混合样品软化温度分别为 1430、1450℃和 1430℃，掺烧污泥后混合样品的灰熔点略低于原煤的灰熔点，但均在 1400℃以上，说明掺烧污泥后对锅炉结渣的风险不高，比掺烧印尼煤对锅炉结渣影响更低。

表 7-13　　原煤和污泥灰熔融性特性

项目	单位	来源	粤电 82-印尼煤	中保 2 号原煤	原煤+3%污泥	原煤+6%污泥	原煤+10%污泥
变形温度 DT	℃	分析	1140	>1500	1330	1290	1240
软化温度 ST	℃	分析	1210	>1500	1430	1450	1430
半球温度 HT	℃	分析	1220	>1500	>1500	>1500	>1500
流动温度 FT	℃	分析	1270	>1500	>1500	>1500	>1500
哈氏可磨指数 HGI	—	分析	—	67	—	—	—

7.2.2　污泥掺烧对 NO_x 排放的影响

该次试验在 400MW 负荷情况下，采用网格法，在烟囱出口烟道测量 NO_x 和 O_2，对表盘测点进行标定，试验数据如表 7-14 所示。由表可知，测试期间实测的 NO_x 平均浓度为 33.8mg/m^3（6%O_2），在此期间表盘 NO_x 浓度统计平均值为 36.6mg/m^3（6%O_2），实测 NO_x 浓度与表盘值偏差−2.8mg/m^3（6%O_2），表盘 NO_x 浓度值可以代表实测值。

表 7-14　　烟囱出口烟道 NO_x 浓度测量　　（mg/m^3，6%O_2）

序号	测量孔编号			
	1（进）	1（出）	1（进）	2（出）
1	31.2	34.8	35.2	36.1
2	30.4	32.4	35.6	34.1
3	36.8	35.3	30.2	33.5
4	34.5	37.1	31.7	32.2
平均值	33.8			
DCS 平均值	36.6			
差值	2.8			

表 7-15 为各污泥掺烧比例和负荷条件下出口烟囱烟道 NO_x 浓度统计值。由表可知，

各个试验工况的 NO_x 排放浓度没有明显变化，均小于超低排放标准要求的 50mg/m^3。可见，掺烧污泥可以满足 NO_x 排放标准。

表 7-15　　各污泥掺烧比例和负荷条件下出口烟囱烟道 NO_x 浓度统计值（mg/m^3，6%O_2）

掺烧比例	工况	
	400MW	550MW
0%	33.1	33.9
3%	36.6	40.4
6%	34.5	30.4
10%	41.8	32.3

7.2.3　污泥掺烧对 SO_2 排放的影响

采用网格法，在烟囱入口烟道测量 SO_2 和 O_2，对表盘测点进行标定。试验数据如表 7-16 所示，由表可知，测试期间实测的 SO_2 平均浓度为 9.8mg/m^3（6%O_2），在此期间表盘 SO_2 浓度统计平均值为 11.3mg/m^3（6%O_2），实测 SO_2 浓度与表盘值偏差−2.0mg/m^3（6%O_2），表盘 SO_2 浓度值可以代表实测值。

表 7-16　　烟囱入口烟道 SO_2 浓度测量　　（mg/m^3，6%O_2）

序号	测量孔编号			
	1（进）	1（出）	1（进）	2（出）
1	10.4	12.2	9.8	10.2
2	9.8	10.5	8.6	9.6
3	8.7	8.8	10.6	7.9
平均值	9.8			
DCS 平均值	11.3			
差值	2.0			

表 7-17 为各污泥掺烧比例和负荷条件下，SO_2 排放浓度表盘测点的统计值。由表可知，各个掺烧工况的 SO_2 排放浓度与污泥的掺烧比例没有明显相关性，且 SO_2 排放浓度均低于 SO_2 排放标准（小于 35mg/m^3，6%O_2）。可见，掺烧污泥可以满足 SO_2 排放标准。

表 7-17　　烟囱出口烟道 SO_2 浓度统计值　　（mg/m^3，6%O_2）

掺烧比例	工况	
	400MW	550MW
0%	8.6	21.4
3%	11.6	16.3
6%	18.1	25.8
10%	7.1	15.1

7.2.4 污泥掺烧对粉尘排放的影响

在烟囱出口烟道测量粉尘排放浓度，对表盘测点进行标定。通过西克（SICK）低浓度粉尘仪取样枪在烟囱出口烟道实现多点等速取样，共 3 个采样点，每点采样 25min。采样时间共 75min，采样的标准状态下抽气量为 1654L（6% O_2），测得粉尘浓度为 1.96mg/m^3（6%O_2），试验期间表盘测点平均值为 1.62mg/m^3（6%O_2），实测粉尘浓度与表盘值偏差 0.34mg/m^3（6%O_2），表盘粉尘浓度值可以代表实测值。

表 7-18 为各污泥掺烧比例和负荷条件下，烟囱出口烟道粉尘浓度统计值。由表可知，各个掺烧工况的粉尘排放浓度与污泥的掺烧比例没有明显相关性，且粉尘排放浓度均低于粉尘排放标准（小于 5mg/m^3，6%O_2）。可见，掺烧污泥可以满足粉尘排放标准。

表 7-18　　　烟囱出口烟道粉尘浓度统计值　　　（mg/m^3，6%O_2）

掺烧比例	工况	
	400MW	550MW
0%	2.8	2.3
3%	1.6	2.4
6%	1.7	2.0
10%	2.9	2.6

7.2.5 锅炉热效率测量结果及分析

锅炉效率测试在锅炉负荷为 400MW 和 550MW 时，分别进行不掺烧和 3 个掺烧比例（3%，6%，10%）工况测试，结果依据《电站锅炉性能试验规程》（GB 10184—2015），进行锅炉效率计算

锅炉散热直接取设计值，不考虑其他损失（q_{oth}）。外来输入热量只考虑进入系统空气带入热量。锅炉 400MW 负荷工况的主要结果如表 7-19 所示，锅炉 550MW 负荷工况的主要结果如表 7-20 所示。

表 7-19　　　锅炉 400MW 负荷工况效率测试主要结果

工况	单位	来源	工况 3	工况 1	工况 2	工况 4
掺烧比例	%	—	0%	3%	6%	10%
负荷	MW	DCS	400	400	400	400
飞灰可燃物	%	分析	0.95	1.49	1.93	1.60
炉渣可燃物	%	分析	3.00	3.11	3.89	3.00
空气预热器出口 CO 浓度	μL/L	测量	2.4	9.6	35.1	3.6
排烟处氧量	%	测量	5.6	5.2	5.9	5.8
排烟温度	℃	测量	131.4	137.80	138.20	123.7
机械不完全燃烧损失	%	计算	0.250	0.410	0.578	0.470

续表

工况	单位	来源	工况 3	工况 1	工况 2	工况 4
排烟热损失	%	计算	5.97	5.87	5.68	5.80
化学不完全燃烧损失	%	计算	0.001	0.004	0.015	0.002
锅炉散热损失	%	计算	0.58	0.58	0.58	0.58
灰渣物理热损失	%	计算	0.11	0.13	0.14	0.13
外来热量	%	计算	0.31	0.27	0.21	0.35
锅炉机组热效率	%	计算	93.40	93.28	93.22	93.36
送风修正后锅炉机组热效率	%	计算	93.45	93.30	92.82	93.41

表 7-20　　锅炉 550MW 负荷工况效率测试主要结果

工况	单位	来源	工况 5	工况 6	工况 7	工况 8
掺烧比例	%	—	0%	3%	6%	10%
负荷	MW	DCS	550	550	550	550
飞灰可燃物	%	分析	1.98	2.53	2.19	2.00
炉渣可燃物	%	分析	2.62	3.22	4.06	4.38
空气预热器出口 CO 浓度	μL/L	测量	848.4	44.1	35.1	113.5
排烟处氧量	%	测量	4.5	4.6	4.9	5.0
排烟温度	℃	测量	131.2	136.5	131.4	129.0
机械不完全燃烧损失	%	计算	0.76	1.01	1.04	1.07
排烟热损失	%	计算	5.39	5.69	5.64	5.66
化学不完全燃烧损失	%	计算	0.354	0.018	0.017	0.051
锅炉散热损失	%	计算	0.42	0.42	0.42	0.42
灰渣物理热损失	%	计算	0.18	0.20	0.22	0.23
外来热量	%	计算	0.36	0.27	0.24	0.34
锅炉机组热效率	%	计算	93.26	92.94	92.91	92.91
送风修正后锅炉机组热效率	%	计算	93.26	92.95	92.92	92.91

从表 7-19 试验结果来看，在锅炉 400MW 负荷工况下，不掺烧污泥、掺烧 3%、6% 和 10%污泥时锅炉效率分别为 93.45%、93.30%、92.82%和 93.41%，其中掺烧 10%污泥试验时由于原煤有所变化，且燃烧配风有所优化，效率较掺烧 3%和 6%时略高。掺烧 3%、6%和 10%工况的平均热效率为 93.18%，与不掺烧工况相比下降 0.27%。

从表 7-20 试验结果可知：在锅炉 550MW 负荷工况下，不掺烧污泥、掺烧 3%、6% 和 10%污泥时锅炉效率分别为 93.26%、92.95%、92.92%和 92.91%，掺烧工况的平均热效率为 92.93%，与不掺烧污泥工况相比下降 0.34%。掺烧 3%、6%和 10%污泥时对锅炉热效率影响不大，以后可以通过燃烧优化调整降低掺烧污泥对锅炉燃烧效率的影响。

7.2.6　固体样品重金属及灰流动性分析

1. 燃料重金属含量分析

燃料重金属化验结果如表 7-21 所示。由表可知原煤和污泥样品重金属成分含量都比较低，污泥掺烧目前国家和行业未出标准，只能引用《城镇污水处理厂污染物排放标准》（GB 18918—2002），原煤和污泥样品重金属成分含量均满足上述标准的要求。

表 7-21 燃料重金属化验结果 (mg/kg)

分析项目	中保 2 号煤	东莞生活污泥	河道污泥	参考《城镇污水处理厂污染物排放标准》（GB 18918—2002）规定
Cu	93.98	70.32	58.55	1500
Zn	128.13	未检出	未检出	3000
As	53.15	100.21	37.16	75
Cr	164.89	100.52	45.42	1000
Mn	74.30	−0.36	−0.34	—
Sr	4.46	15.49	10.66	—
Hg	未检出	未检出	未检出	15
Pd	未检出	6.58	3.58	1000
Cd	2.57	70.32	58.55	20

2. 灰渣重金属含量分析

锅炉 400MW 负荷和 550MW 负荷工况飞灰中重金属化验结果如表 7-22 和表 7-23 所示，根据《城镇污水处理厂污染物排放标准》（GB 18918—2002）标准，各个污泥掺烧比例工况下，飞灰中的主要重金属元素浓度均满足环保要求。

表 7-22 锅炉 400MW 负荷工况飞灰中重金属化验结果 (mg/kg)

分析项目	锅炉 400MW 负荷工况飞灰				参考《城镇污水处理厂污染物排放标准》（GB 18918—2002）规定
	掺烧 0%	掺烧 3%	掺烧 6%	掺烧 10%	
Cu	69.40	79.20	86.29	94.39	1500
Zn	53.55	62.78	56.98	60.27	3000
As	未检出	未检出	未检出	未检出	75
Cr	81.46	95.81	99.31	111.77	1000
Mn	399.64	470.48	365.38	446.81	—
Sr	131.98	163.29	84.99	113.29	—
Hg	未检出	未检出	未检出	未检出	15
Pd	未检出	未检出	未检出	未检出	1000
Cd	4.88	5.33	4.28	4.85	20

表 7-23 锅炉 550MW 负荷工况飞灰中重金属化验结果 (mg/kg)

分析项目	锅炉 550MW 负荷工况飞灰				参考《城镇污水处理厂污染物排放标准》（GB 18918—2002）规定
	掺烧 0%	掺烧 3%	掺烧 6%	掺烧 10%	
Cu	61.59	63.47	54.19	79.55	1500

续表

分析项目	锅炉 550MW 负荷工况飞灰				参考《城镇污水处理厂污染物排放标准》(GB 18918—2002）规定
	掺烧 0%	掺烧 3%	掺烧 6%	掺烧 10%	
Zn	60.71	57.54	47.92	118.91	3000
As	未检出	未检出	未检出	未检出	75
Cr	72.00	76.74	66.89	70.71	1000
Mn	291.52	125.42	167.89	245.73	—
Sr	204.75	17.48	23.46	73.72	—
Hg	未检出	未检出	未检出	未检出	15
Pd	未检出	未检出	未检出	未检出	1000
Cd	2.77	2.31	2.06	2.22	20

锅炉 400MW 负荷和 550MW 负荷工况的炉渣中重金属化验结果如表 7-24 和表 7-25 所示，根据《城镇污水处理厂污染物排放标准》(GB 18918—2002）规定，各个污泥掺烧比例工况下，炉渣中的主要重金属元素浓度均满足环保要求。

表 7-24　　锅炉 400MW 负荷工况炉渣中重金属化验结果　　(mg/kg)

分析项目	锅炉 400MW 负荷工况炉渣				参考《城镇污水处理厂污染物排放标准》(GB 18918—2002）规定
	掺烧 0%	掺烧 3%	掺烧 6%	掺烧 10%	
Cu	50.32	57.71	83.61	63.22	1500
Zn	37.88	40.05	51.05	45.42	3000
As	未检出	未检出	未检出	未检出	75
Cr	85.33	80.76	122.61	70.67	1000
Mn	224.65	330.22	426.42	421.34	—
Sr	135.76	222.45	156.71	125.87	—
Hg	未检出	未检出	未检出	未检出	15
Pd	未检出	未检出	未检出	未检出	1000
Cd	3.22	4.02	5.11	4.64	20

表 7-25　　锅炉 550W 负荷工况炉渣中重金属化验结果　　(mg/kg)

分析项目	锅炉 550MW 负荷工况炉渣				参考《城镇污水处理厂污染物排放标准》(GB 18918—2002）规定
	掺烧 0%	掺烧 3%	掺烧 6%	掺烧 10%	
Cu	55.97	49.10	54.41	47.98	1500
Zn	34.88	25.33	35.40	17.32	3000
As	7.93	未检出	未检出	未检出	75
Cr	97.98	89.36	85.50	48.81	1000

续表

分析项目	锅炉 550MW 负荷工况炉渣				参考《城镇污水处理厂污染物排放标准》(GB 18918—2002)规定
	掺烧 0%	掺烧 3%	掺烧 6%	掺烧 10%	
Mn	201.13	167.77	266.76	316.42	—
Sr	72.30	33.18	83.54	74.62	—
Hg	未检出	未检出	未检出	未检出	15
Pd	未检出	未检出	未检出	未检出	1000
Cd	3.93	2.96	3.21	1.20	20

7.3 1000MW 燃煤机组污泥掺烧锅炉性能优化试验

7.3.1 锅炉设备介绍

该试验是在哈尔滨锅炉厂设计制造的超超临界参数变压直流炉、单炉膛、一次再热、平衡通风、露天布置、固态排渣、全钢构架、全悬吊结构、Π 型锅炉开展，采用反向双切圆燃烧方式。

本文详细分析了电厂掺烧生活污泥后，给煤机、磨煤机运行过程中出现的问题以及解决的方法。为进一步定量分析掺烧污泥对锅炉燃烧特性的影响，进行了掺烧前后锅炉受热面温升、烟气温度变化定量对比分析，为准确评估燃煤电厂掺烧生活污泥带来影响，提供了关键的数据。表 7-26 为锅炉设计煤质参数。

表 7-26 锅炉设计煤质参数

项目	符号	单位	设计煤种	校核煤种 1	褐煤	校核煤种 2
煤质分析						
收到基碳	C_{ar}	%	56.61	58.6	46.27	48.4
收到基氢	H_{ar}	%	2.85	3.36	3.26	3.33
收到基氧	O_{ar}	%	8.08	7.28	12.42	7.26
收到基氮	N_{ar}	%	0.69	0.75	0.68	0.63
收到基硫分	S_{ar}	%	0.69	0.63	0.35	1.2
收到基水分	M_{ar}	%	15	9.61	33.1	10.98
空气干燥基水分	M_{ad}	%	8.60	2.85	16.38	5.98
收到基灰分	A_{ar}	%	16.08	19.77	3.96	28.2
干燥无灰基挥发分	V_{daf}	%	30	32.31	49.81	21.98
哈氏可磨性指数	HGI	—	61	55	49	53
冲刷磨损指数	K_e	—	2.0	1.9	—	3.5
低位发热值	$Q_{net,ar}$	MJ/kg	20.06	22.44	16.73	18.84

7.3.2　污泥掺烧后燃料特性变化

在开展燃煤电厂掺烧污泥试验前，首先对原煤及污泥进行工业分析和元素分析，为后续现场开展污泥掺烧提供基础数据，污泥元素及工业分析结果如表 7-27 所示。由试验结果可知，当污泥含水率为 60%时，所对应的低位热值为 3730kJ/kg。原煤煤质元素分析数据如表 7-28～表 7-30 所示。结合表 7-31 可得不同污泥掺烧比率下煤质成分变化的规律，随着污泥掺烧比率的不断增加，煤的热值逐渐降低，C_{ar} 含量逐渐减少，灰分含量逐渐增加。综上所述，将污泥掺烧比率控制在 10%以内，污泥掺烧对于煤的元素成分影响可忽略不计。

表 7-27　　污泥元素及工业分析结果

项目	符号	单位	方法	样品 1（含水率 60%）
空气干燥基水分	M_{ad}	%	分析	53.60
空气干燥基灰分	A_{ad}	%	分析	29.00
空气干燥基碳	C_{ad}	%	分析	6.19
空气干燥基氢	H_{ad}	%	分析	0.80
空气干燥基氧	O_{ad}	%	分析	8.88
空气干燥基氮	N_{ad}	%	分析	1.28
空气干燥基硫	S_{ad}	%	分析	0.25
空气干燥基挥发分	V_{ad}	%	分析	15.96
固定碳	FC_{ad}	%	分析	1.44
低位收到基热值	$Q_{ad,iar}$	kJ/kg	分析	3730.0

表 7-28　　煤质化验结果（平煤）

项目	符号	单位	方法	数值
空气干燥基水分	M_{ad}	%	分析	4.80
空气干燥基灰分	A_{ad}	%	分析	20.73
空气干燥基碳	C_{ad}	%	计算	60.92
空气干燥基氢	H_{ad}	%	分析	4.20
空气干燥基氧	O_{ad}	%	分析	7.28
空气干燥基氮	N_{ad}	%	分析	1.06
空气干燥基硫	S_{ad}	%	分析	1.01
空气干燥基挥发分	V_{ad}	%	分析	28.70
固定碳	FC_{ad}	%	分析	45.77
低位收到基热值	$Q_{ad,iar}$	kJ/kg	分析	20810.16

表 7-29　　煤质化验结果（神混煤）

项目	符号	单位	方法	数值
空气干燥基水分	M_{ad}	%	分析	10.57
空气干燥基灰分	A_{ad}	%	分析	9.82

续表

项目	符号	单位	方法	数值
空气干燥基碳	C_{ad}	%	计算	64.86
空气干燥基氢	H_{ad}	%	分析	3.52
空气干燥基氧	O_{ad}	%	分析	9.96
空气干燥基氮	N_{ad}	%	分析	0.73
空气干燥基硫	S_{ad}	%	分析	0.54
空气干燥基挥发分	V_{ad}	%	分析	28.20
固定碳	FC_{ad}	%	分析	51.41
低位收到基热值	$Q_{ad,iar}$	kJ/kg	分析	22750.00

表 7-30　煤质化验结果（印尼煤）

项目	符号	单位	方法	样品 1（含水率 60%）
空气干燥基水分	M_{ad}	%	分析	28.55
空气干燥基灰分	A_{ad}	%	分析	5.30
空气干燥基碳	C_{ad}	%	分析	46.45
空气干燥基氢	H_{ad}	%	分析	2.83
空气干燥基氧	O_{ad}	%	分析	15.91
空气干燥基氮	N_{ad}	%	分析	0.68
空气干燥基硫	S_{ad}	%	分析	0.54
空气干燥基挥发分	V_{ad}	%	分析	34.63
固定碳	FC_{ad}	%	分析	31.52
低位收到基热值	$Q_{ad,iar}$	kJ/kg	分析	13090.00

表 7-31　不同污泥掺烧比率下煤质成分变化规律（含水率 60%）

掺烧比率	收到基水分	收到基碳	收到基氢	收到基氧	收到基氮	收到基硫	收到基灰分	收到基挥发分	低位收到基热值
3%	20.41	51.14	3.42	9.06	0.85	0.78	14.41	27.72	18262.51
5%	21.52	49.78	3.34	9.04	0.86	0.77	14.78	27.33	17827.30
6%	22.63	48.41	3.26	9.01	0.87	0.75	15.14	26.94	17392.10
8%	23.08	47.90	3.23	9.02	0.87	0.74	15.22	26.82	17221.30
10%	23.73	47.05	3.18	8.98	0.88	0.73	15.51	26.55	16956.90

7.3.3　污泥掺烧对锅炉燃烧影响

由于污泥有一定的挥发分，通过观察入炉煤掺入污泥后对煤粉的着火影响不大。由于污泥水分含量大，磨煤机出口温度会降低，这样对燃烧不利，而且堵磨的可能性变大，机组稳定性变低。由于入炉的污泥量占总燃料量的 2%，掺入的污泥比例较小，入炉煤的含水量增加有限，锅炉火焰中心温度变化幅度较小，入炉热值变化较小，空气预热器出口排烟温度影响不大。特别是低负荷期间，具体参数对比如表 7-32 所示。为了进一步分析掺烧污泥前后对锅炉受热面传热特性影响，本文定量分析了掺烧前后温升、烟气温

度等变化的规律。数据取样说明：为减少锅炉设备及调整原因引起的误差污泥掺烧前数据为某日 0 时至 14 时，每 300s 为一个时间间隔，取相同负荷下的平均数；污泥掺烧后数据为 11 天内以每 300s 为一个时间间隔，取相同负荷下的平均数。

表 7-32 不同负荷下掺烧污泥对锅炉燃烧的影响对比

名称	污泥掺烧前		污泥掺烧后	
工况条件	试验前工况	试验工况	试验前工况	试验工况
机组负荷（MW）	946.1	952.84	551.97	550.41
煤量（t/h）	427.5	399.16	266.31	261.64
1A 空气预热器出口烟温（℃）	138.24	138.57	133.99	132.19
1B 空气预热器出口烟温（℃）	134.83	135.61	129.62	131.42
1A 引风机出口烟温（℃）	115.74	115.98	112.11	106.37
1B 引风机出口烟温（℃）	117.25	117.46	107.47	106.65
左侧炉膛出口烟温（℃）	729.42	747.21	680.77	631.63
右侧炉膛出口烟温（℃）	722.60	718.84	659.39	603.21
左侧氧量（%）	2.57	2.17	2.43	2.35
右侧氧量（%）	2.30	2.59	3.40	3.00

图 7-8 为掺烧前后磨煤机给煤量变化情况。表 7-33 为掺烧污泥前后煤种变化的情况。由于伊泰煤较平煤热值低 500kcal 左右，试验期间 800MW 以上负荷时 6 台磨煤机运行，试验前后总体的入炉热值基本一致，低负荷稍有降低，由以上数据可知掺烧污泥对总的入炉煤热值没有产生实质性的影响。

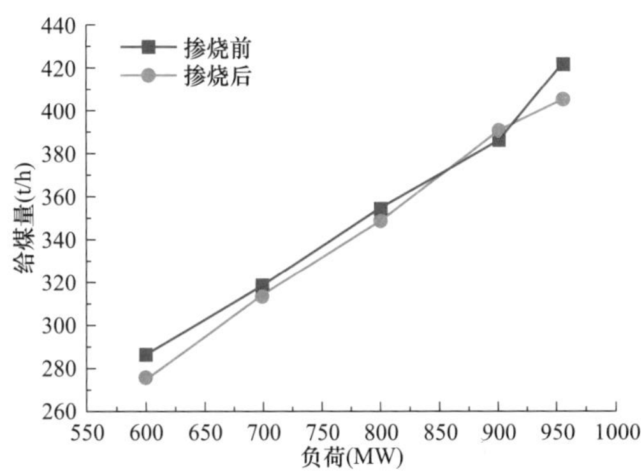

图 7-8 掺烧前后磨煤机给煤量变化情况

表 7-33 掺烧污泥前后煤种的变化

阶段	A 磨	B 磨	C 磨	D 磨	E 磨	F 磨
试验前	平煤	平煤	平煤	平煤	低卡印尼	低卡印尼
试验期间	平煤	伊泰	伊泰	平煤	伊泰	低卡印尼

图 7-9 为掺烧前后空气预热器出口烟气温度变化的情况。从图 7-9 看出，大部分负荷段下的空气预热器出口烟温有小幅度降低，说明掺烧对锅炉排烟温度产生了一定的影响。

图 7-10 为掺烧前后炉膛出口烟温变化的情况。从图 7-10 看出，掺烧污泥对炉膛右侧出口烟温有较大的影响。600MW 负荷时，掺烧后右侧出口烟温降低了 19.46℃；700MW 负荷时，掺烧后右侧出口烟温降低了 16.52℃；800MW 负荷时，掺烧后右侧出口烟温降低了 12.42℃；900MW 负荷时，掺烧后右侧出口烟温降低了 17.92℃；955MW 负荷时，掺烧后右侧出口烟温降低了 8.69℃。从图 7-10 掺烧前后炉膛出口烟温变化情况发现，左侧炉膛出口烟温降低不是很明显。

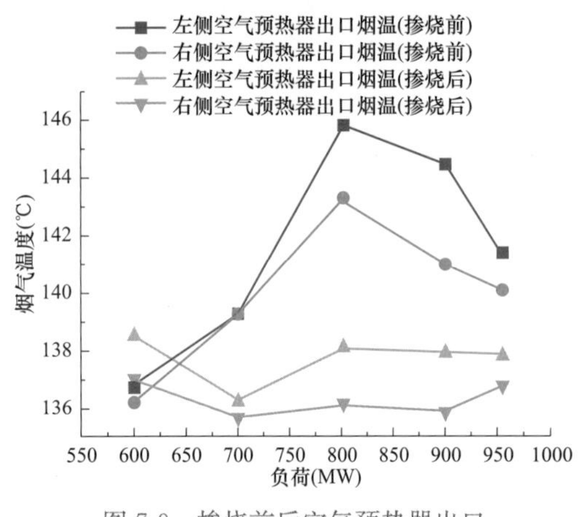

图 7-9　掺烧前后空气预热器出口烟气温度变化的情况

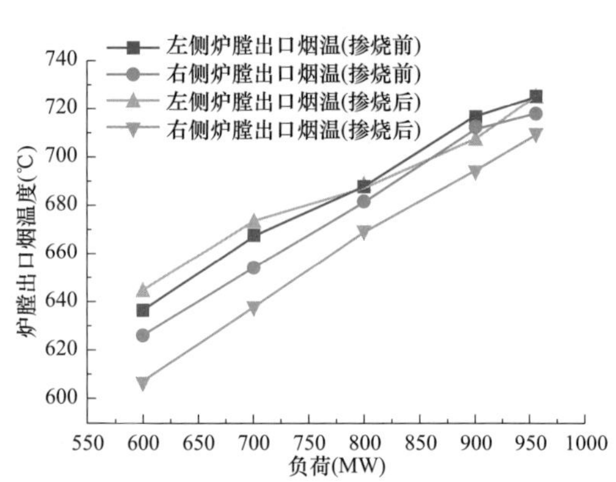

图 7-10　掺烧前后炉膛出口烟气温度变化的情况

图 7-11 为掺烧前后高温再热器温升变化的情况，图 7-12 为掺烧前后高温再热器减温水量变化的情况。高温再热器温升有所增大，减温水量减少，由于该现象受运行人员操作习惯、火焰中心的高度、烟气量、炉内结焦情况、原煤的掺配等多重因素影响，结合现场查看实际燃烧情况及参数分析，各参数的变化情况在可控范围内。图 7-13 为水冷壁温升变化的情况。掺烧污泥后锅炉分离器过热度变化较小，水冷壁温升有所降低，锅炉火焰中心有靠后倾向，炉内结焦情况无加剧现象，参数可控。图 7-14 为掺烧前后分离器过热度变化的情况。

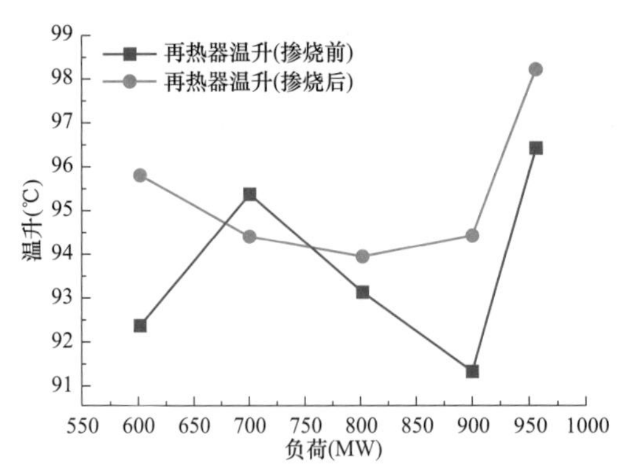

图 7-11　掺烧前后再热器温升变化的情况

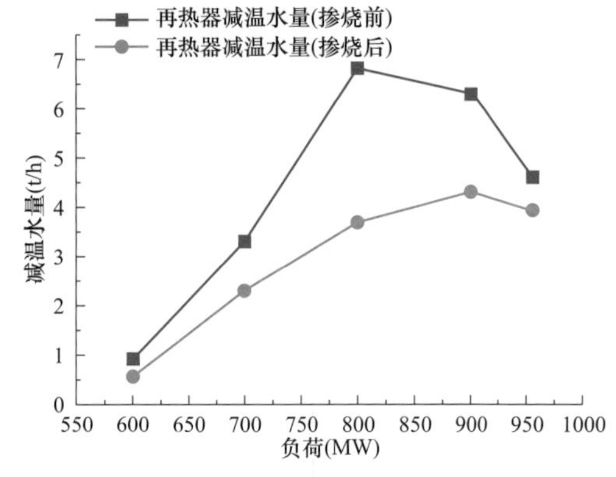

图 7-12　掺烧前后再热器减温水变化的情况

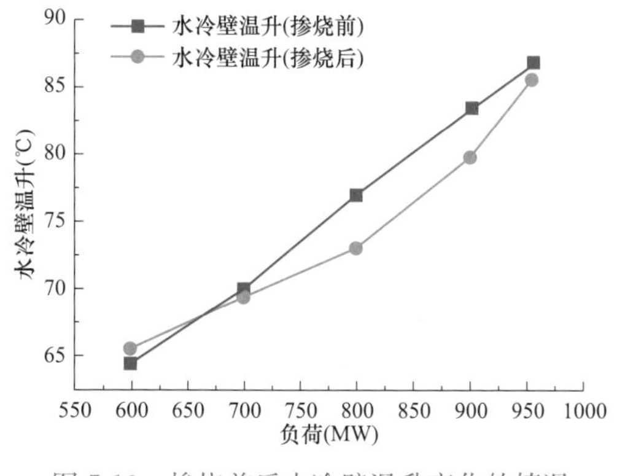

图 7-13　掺烧前后水冷壁温升变化的情况

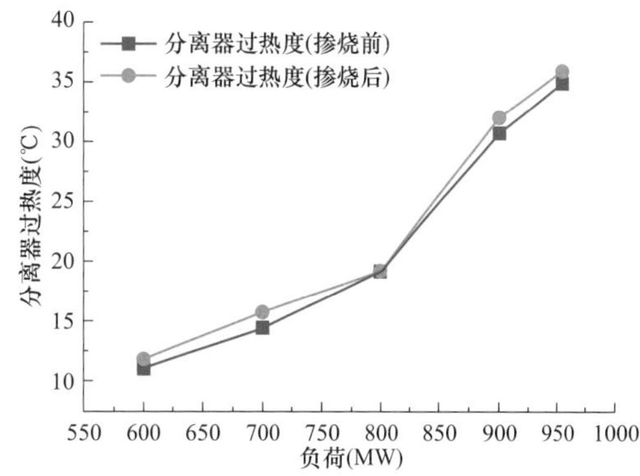

图 7-14　掺烧前后分离器过热度变化的情况

图 7-15 为掺烧前后前屏式过热器热器温升变化的情况。从图 7-15 可以看出，掺烧后前屏式过热器热器温升增加，后屏式过热器热器变化较小，高温过热器温升减少，存在火焰中心上移现象，从减温水量的减少可以看出，污泥掺烧后，炉内结焦情况无加剧迹象，各参数可控。图 7-16 和图 7-17 分别给出了掺烧前后后屏式过热器热器温升和高温过热器温升变化的情况。

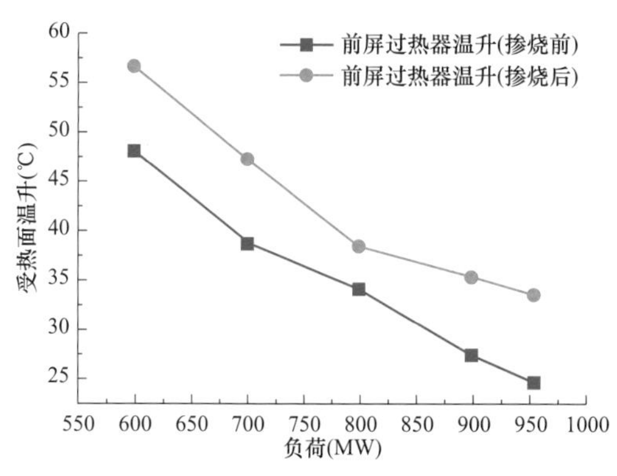

图 7-15　掺烧前后前屏式过热器热器温升变化的情况

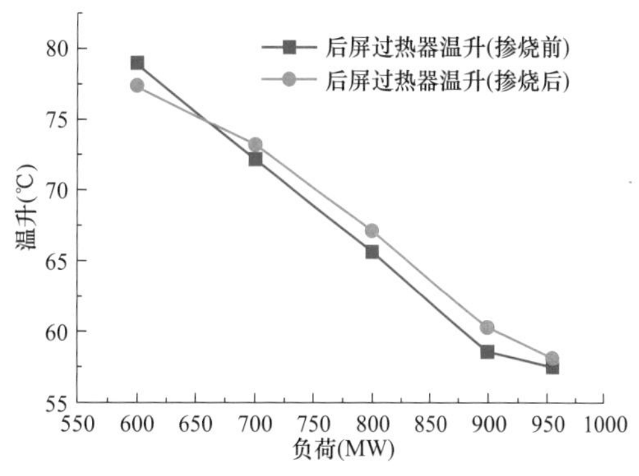

图 7-16　掺烧前后后屏式过热器热器温升变化的情况

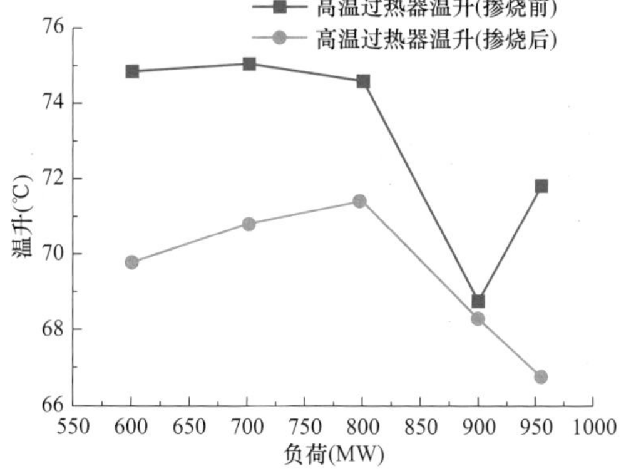

图 7-17　掺烧前后高温过热器温升变化的情况

图 7-18 为掺烧前后飞灰可燃物含碳量变化的情况。整体上看掺烧后随着运行时间增加，飞灰含碳量相比掺烧前是增加的，说明掺烧污泥后对锅炉燃烧带来负面的影响，影响锅炉经济性。图 7-19 为掺烧前后炉渣含碳量变化情况，整体上看掺烧后炉渣含碳量是增加的。通过飞灰和炉渣含碳量对比分析看出，污泥掺烧后，需要进行燃烧优化调整试验，避免掺烧污泥影响锅炉经济性。

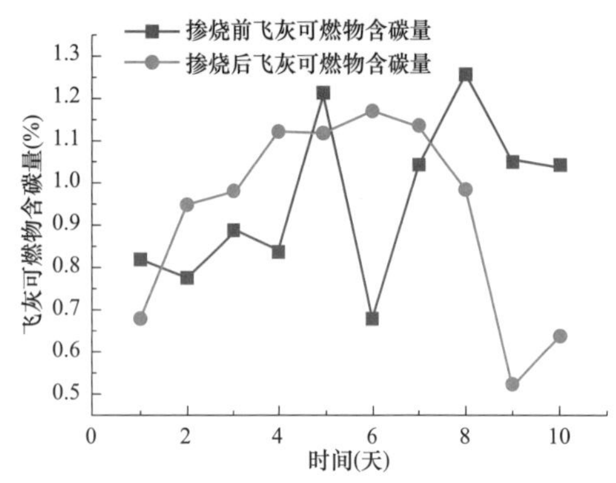

图 7-18　掺烧前后飞灰可燃物含碳量变化的情况

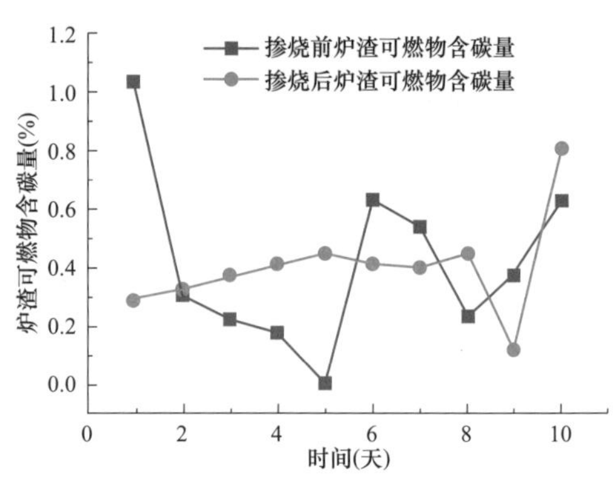

图 7-19　掺烧前后炉渣可燃物含碳量变化的情况

7.3.4　污泥掺烧后 SCR 脱硝系统进口 NO_x 浓度变化

掺烧试验期间低负荷锅炉左右侧偏差较大，高负荷左右侧 NO_x 值增加量较为一致，同等负荷下，NO_x 生成量增加，由于该现象由人员操作习惯、原煤掺配等多重因素影响，可针对此现象进行锅炉燃烧优化调整，现阶段 1 号锅炉无参数恶化迹象，参数可控。掺烧试验期间喷氨量明显增大，1 号锅炉固有的左右侧耗氨量偏差无恶化迹象，参数可控。掺烧前后脱硝系统进口 NO_x 浓度变化如图 7-20 所示，掺烧前后脱硝系统喷氨量变化如图 7-21 所示。

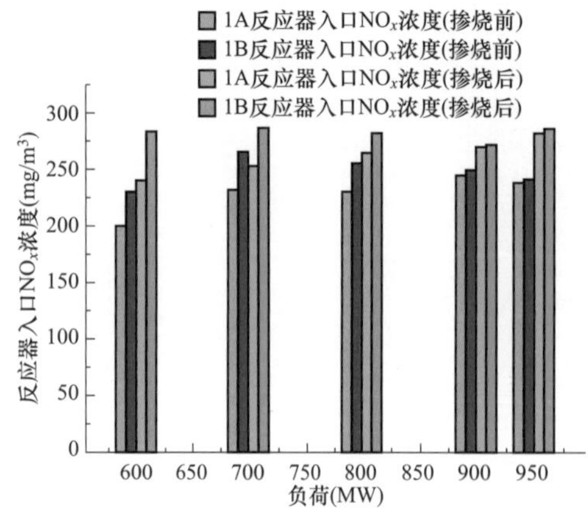

图 7-20　掺烧前后脱硝系统进口 NO_x 浓度变化

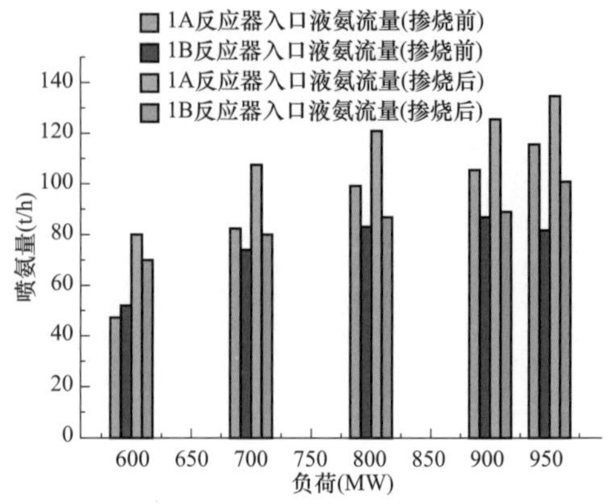

图 7-21　掺烧前后脱硝系统喷氨量变化

7.4 本　章　小　结

本章以某电厂300、660、1000MW等级燃煤机组开展污泥掺烧工程应用，详细介绍了污泥掺烧环保检测、燃煤机组掺烧锅炉及环保影响分析、污泥掺烧现场优化试验等方面进行了技术研究和工程应用，主要结论如下：

（1）生活污泥泥质满足《城镇污水处理厂污泥泥质》（GB 24188—2009）中泥质基本控制指标及限值与泥质选择性控制指标及限值，表明污水处理厂污泥经厂内脱水、稳定处理后，污泥泥质较好，不存在超标指标。

（2）掺烧产生的飞灰、底渣不含鉴别危险废物所具备的毒性，不属于按国家标准判定的危险废物。

（3）在煤场内堆放500t干污泥（含水量40%）时，煤掺混所在地（煤仓）及厂界四周臭气浓度、氨、硫化氢可满足《恶臭污染物排放标准》（GB 14554—1993）中厂界标准值二级新改扩建标准。

（4）未掺烧污泥工况下，燃煤锅炉经现有环保设施“低氮燃烧器＋SCR脱硝＋静电除尘器＋湿法脱硫＋湿式电除尘器”处理后，烟气二氧化硫、氮氧化物、烟尘排放浓度可达到《火电厂大气污染物排放标准》（GB 13223—2011）中燃气机组现行排放标准，汞及其化合物排放浓度可达到《火电厂大气污染物排放标准》（GB 13223—2011）重点地区燃煤锅炉大气污染物排放限值。

（5）掺烧比例为10%工况下，掺烧试验后烟气中二氧化硫、烟尘、颗粒物排放浓度可达到《火电厂大气污染物排放标准》（GB 13223—2011）中相关要求。汞及其化合物排放浓度、烟气黑度可达到《火电厂大气污染物排放制标准》（GB 13223—2011）燃煤机组限值要求；氯化氢、一氧化碳、重金属、二噁英排放浓度满足《生活垃圾焚烧污染控制标准》（GB 18485—2014）要求。

总体上看，污泥掺烧后对锅炉效率影响比较小，固体不完全燃烧损失和灰渣物理热损失都比较小。

第 8 章 污泥掺烧干化系统现场技术改造

8.1 概　　述

为了增加污泥掺烧系统可靠性，广州华润热电有限公司在对输煤系统改造掺烧污泥的基础上，投入 4000 多万元新建干化污泥储存上料一体化系统及湿污泥干化系统。该项目新建两个系统，一个是干化污泥储存上料一体化系统，另外一个是湿污泥干化系统，两个系统分开建设。

由于广州市污水厂污泥出厂已经是含水率 30%～40%的干化污泥，只需要在电厂内合适位置建设一座污泥存储上料一体化系统，将干化污泥输送至电厂输煤系统，最终送至锅炉掺烧，原有的圆形煤场上煤系统作为污泥掺烧备用系统。

南沙区送到电厂的是 80%含水率污泥，电厂新建一套污泥干化系统，设计湿污泥处理出力为 300t/天，通过圆盘式蒸汽干化机，将含水率 80%的污泥干化至含水率 35%～40%，干化后污泥输送到干化污泥储存上料系统。

污泥掺烧设施设计日处理能力为 600t（干化污泥 300t/天，湿污泥干化 300t/天），污泥掺烧输送系统与输煤系统联锁，系统按日运行时间 12h 设计，设计出力与输煤系统匹配，污泥掺配比例不大于 10%。

8.2 干化污泥储存上料一体化系统建设

8.2.1 概述

该工程为干化污泥掺烧建设项目。设计范围为干化污泥从汽车运输进厂到送至 7AB 带尾部的整个工艺系统，包括计量、卸料、储料及输送等整个干化污泥输送工艺系统的设计。

干化污泥采用 30t 自卸汽车运输，每天运输量按 300t 考虑。

8.2.2　工程方案

该方案建设一座干化污泥卸储料一体车间，布置在 7 号带拉紧室西南侧，7 号栈桥与引风机之间的空地上。

干化污泥卸储料一体车间内拟设 1 个汽车卸车位，1 个容量为 200m^3 储料仓，储料仓布置在汽车卸车位上方。车间内设 1 个斗容约为 40m^3 的汽车卸料斗，卸料斗设 2 个子斗，每个子斗下各设 1 台振动给煤机，振动给煤机下设 9 号 AB 带式输送机，将干化污泥分别输送至斗提机，再送至储料仓。储料仓下拟设 1 台振动给煤机，储料仓内干化污泥通过振动给煤机、10 号带式输送机、电动三通输送至 7 号 AB 带尾部。10 号带式输送机与 7 号 AB 带的接口位置位于 7 号 AB 带拉紧室，该期工程需对拉紧室进行改造。

该方案卸料系统（汽车卸煤斗下给料设备至储料仓）按双路布置，系统出力 0～60t/h，出力可调，正常情况下，卸料系统双路同时运行，特殊情况下，单路系统出力也能满足系统需求；上料系统（干化污泥从储料仓至 7 号 AB 带尾部部分）按单路布置，系统出力 0～60t/h，可根据实际掺烧所需干化污泥量来调节振动给煤机出力，使污泥掺烧系统出力满足锅炉所需干化污泥掺配比例的要求。

9 号 AB 带、10 号带宽均为 0.5m，带速 0.8m/s，出力 60t/h，拟采用全密封设置，各皮带机落料点拟采用无动力除尘导料槽及头部漏斗。

该工程干化污泥采用汽车运输进厂，来料汽车的计量采用电子汽车衡，该工程拟对灰库附近汽车衡进行改造，利用改造后的汽车衡对该工程来料进行计量。该工程日来料量为 300t/天，自卸汽车车型采用平均载质量 30t/车，则平均日进厂车数约 10 车。

该方案拟设置 1 个有效容量为 200m^3 的储料仓作为干化污泥的储料装置，干化污泥相对密度按 1.2t/m^3 计算，每个储料仓的容量约为 240t。

方案工艺流程框图如图 8-1 所示。

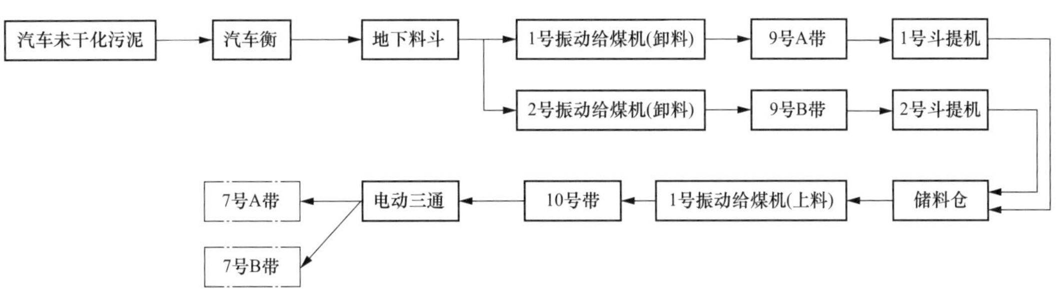

图 8-1　方案工艺流程框图

该方案特点：汽车卸料斗与储料仓各独立设置，储料仓布置干化污泥卸储料一体车间上方，干化污泥卸料输送系统双路布置，可以互为备用；上料系统单路布置，在进入 7 号带前设有三通装置。

8.2.3 环保工程

1. 干化污泥恶臭

干化污泥在卸料等环节会产生少量恶臭污染物。卸料车间、储料斗、密闭皮带机加装吸风装置，形成微负压，避免异味外逸，吸出风、气通过管道进入锅炉焚烧。

2. 锅炉废气

在 2015 年进行“超低排放”改造后，进一步提高了项目锅炉废气除尘及脱硫效率。现有锅炉烟气治理工艺流程如图 8-2 所示。

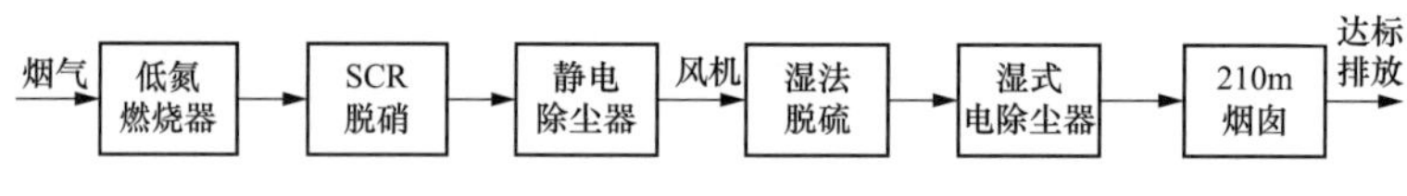

图 8-2 现有锅炉烟气治理工艺流程图

现有项目烟气治理工艺工艺说明：

(1) 脱硝工艺。现有项目烟气治理采用的脱硝工艺主要包括低氮燃烧器及 SCR 脱硝。

采用四角切圆亚临界锅炉，配备有浓淡分离分级燃烧的低氮燃烧器，下部布置有两室四层的浓一次风煤粉低 NO_x 齿形燃烧器，中间为第三室的浓淡上下分离低 NO_x 齿形燃烧器，上部为两室四层的淡一次风煤粉低 NO_x 齿形燃烧器，可有效降低煤粉燃烧的燃料型 NO_x 和热力型 NO_x 的形成。低氮燃烧为炉内脱氮技术，其结构简单、经济有效。SCR 脱硝装置布置于锅炉省煤器与空气预热器之间，采用选择性催化还原技术（SCR），装设有 3 层蜂窝式催化剂，脱硝效率高于 85%。脱硝剂原料为液氨，在催化剂的作用下与烟气中的 NO_x 反应生成无污染的氮气和水。

(2) 除尘工艺。现有项目烟气治理采用的除尘工艺主要包括静电除尘处理器及湿式电除尘器。

静电除尘处理器：现有项目配套双室四电场高效静电除尘器，含尘气体经过高压静电场时被电分离，粉尘与负离子结合带上负电后，趋向阳极表面放电而沉积。采用了高频电源技术，大幅度提高供电效率，节约电能，并进一步提高除尘效果。

湿式电除尘器：现有项目在 2014 年 6～7 月及 2015 年 6 月分别对 1 号机组及 2 号机组进行“超低排放”改造工程时，增加湿式电除尘器，对脱硫后的烟气进行湿式电除尘。现有项目湿式电除尘器采取塔外分体布置，电极采用 316L 不锈钢材料，在湿式电除尘的阳极和阴极线之间施加数万伏直流高压电，在强电场的作用下，电晕线周围产生电晕层，电晕层中的空气发生雪崩式电离，从而产生大量的负离子和少量的阳离子，这个过程叫作电晕放电；随饱和湿烟气进入其中的尘（雾）粒子与这些正、负离子相碰撞、凝并而荷电，荷电后的尘（雾）粒子由于受到高压静电场库仑力的作用，向阳极运动；到达阳极后，将其所带的电荷释放掉，尘（雾）粒子就被阳极所收集，进而通过水冲刷的方式将其清除。

（3）脱硫工艺。现有项目采用石灰（石灰石）-石膏湿法烟气脱硫工艺。

石灰（石灰石）-石膏湿法烟气脱硫工艺：锅炉排出的含尘烟气经烟道进入烟气换热器，与从吸收塔排出的低温烟气换热降温后进入吸收塔，经过均流孔板上行，与多层雾化喷淋下来的洗涤液进行充分混合，滴被较大液滴吸收分离，再经过上部多层脱水除雾装置进一步除雾后经管道排出吸收塔外，进入烟气换热器，与进口高温烟气换热升温后经引风机进入烟囱高空排放。洗涤液吸收烟气中的二氧化硫后落入吸收塔下部的氧化池，二氧化硫与石灰反应生成亚硫酸钙，均布在池底的氧化装置送入的空气进一步氧化成稳定的硫酸钙。氧化池中部分混合溶液被抽吸送入一级水力旋流器，经旋流浓缩后送入真空带式压滤机，进一步滤出水分，制成工业石膏（$CaSO_4 \cdot 2H_2O$）。氧化池中低 pH 值的混合液部分被送入洗涤吸收塔底池，与新投入的脱硫液充分混合，经水泵输送到喷淋层，吸收烟气中的二氧化硫，进行下一个循环。烟气降温的同时，二氧化硫被吸收液洗涤吸收。

现有项目锅炉烟气治理工程运行情况：

根据上述广州华润热电有限公司 2016～2017 年在线监控数据统计情况（2016 年年燃煤量 192.6 万 t），现有工程氮氧化物、二氧化硫、颗粒物（烟尘）污染物排放情况如表 8-1 所示。

表 8-1　　现有项目烟气污染物排放情况

污染源	污染物	处理前		处理后			年运行时间（h）
		年标准状态干烟气量（万 m^3/年）	产生浓度（mg/m^3）	年标准状态干烟气量（万 m^3/年）	标准状态排放浓度（mg/m^3）	折算标准状态排放浓度（mg/m^3）	
1 号机组	SO_2	674014.9	446	694235.4	14.1	15.0	7143.6
	NO_x		286		35.1	37.4	
	烟尘		—		1.5	1.6	
2 号机组	SO_2	712857	433	734242.7	15.3	16.1	7456.8
	NO_x		283		35.7	38.1	
	烟尘		—		2.1	2.2	
合计	SO_2	1386871.9	497.2	1428478.1	14.7	15.5	7300
	NO_x		284		35.4	37.7	
	烟尘		—		1.7	1.9	
单台机组均值	SO_2	693435.95	497.2	714239.05	14.7	15.5	
	NO_x		284		35.4	37.7	
	烟尘		—		1.7	1.9	

由表 8-1 可知，现有项目 1 号、2 号机组氮氧化物、二氧化硫及颗粒物（烟尘）污染物排放浓度皆可达到《火电厂大气污染物排放标准》（GB 13223—2011）中燃气机组现行排放标准要求（即：烟尘排放浓度小于或等于 5mg/m^3，二氧化硫排放浓度小于或等于 35mg/m^3，氮氧化物排放浓度小于或等于 50mg/m^3），运行良好。

年平均脱硝效率达到86.71%、除尘效率达到99.9%、脱硫效率达到96.41%，处理效率满足《广州市大气污染综合防治工作方案（2014—2016年）》（穗府办函〔2014〕61号）“12.5万kW以上燃煤火电机组综合脱硝效率达到85%以上、除尘效率达到99%以上、综合脱硫率达到95%以上”要求，烟气治理设备运行良好。

8.2.4 辅助设施

（1）系统中在10号AB带上设有电子皮带秤及校验装置。

（2）系统中设有皮带机系列保护装置。

（3）储料仓设有高低料位计。

（4）干化污泥卸储料一体车间、栈桥内拟设水冲洗设施，冲洗水通过排污泵排送至电厂原栈桥冲洗水沉淀池。

（5）干化污泥卸储料一体车间室内及储料仓、9号和10号带加装吸风装置，形成微负压，避免异味外逸。

（6）输送系统中设有照明、通信、消防等设施。

（7）该次改造在干化污泥卸储料一体车间增设I/O远程站用于现场各设备信号的采集和控制，通过控制柜中的远程I/O适配器和控制室的I/O处理器进行通信。

（8）干化污泥卸储料一体车间及拉紧室内设有检修起吊设施。

（9）储料仓及卸料斗设有空气炮防堵设施，空气炮气源就近从电厂原有系统连接。

（10）10号带至7号AB带落煤管设有振动防闭塞装置，用于落煤管的防堵。

（11）干化污泥输送系统维护检修由全厂统一考虑。

8.2.5 污泥掺烧设施区域总平面布置

该方案将干化污泥卸储料一体车间布置在已在7号带拉紧室西南侧，四周均有电厂已建设施。干化污泥卸储料一体车间南面有引风机室、西面为栈桥冲洗水沉淀池、东面有拉紧小室。

干化污泥卸储料一体车间内设置1个汽车卸车位、1个储料仓，储料仓布置在汽车卸车位上方。

8.3 湿污泥干化系统建设情况

8.3.1 概述

根据南沙区污泥现状及未来五年污泥产量预测，为了防止污泥产量增加较快，同时为了减少污泥储存的风险，80%含水率污泥处置项目先按照300t/天规模进行建设，并预留扩建位置和接口。

为了减少污泥储存的风险，做到污泥即来即处置，根据南沙区污泥实际产量及未来五年污泥产量预测，80%含水率污泥处置建设热风干化系统和蒸汽干化系统，两个系统同时建设，热风干化系统按照 100t/天设计，蒸汽干化系统按照 200t/天设计，先建设 100t/天生产线，并预留扩建位置和接口，当污泥产量大于 200t/天时，扩建一台 100t/天的蒸汽干化生产线，确保处置能力有足够的裕量，不会因为设备检修影响污泥处置。两个系统可以分别独立运行，也可以相互备用，每天根据污泥量和设备运行情况进行系统调整，确保污泥处置设施安全可靠，保证污水处理厂正常运行。

新建一座污泥站，位于 2 号机组汽轮机房前侧 18m×48m 矩形空地，如图 8-3 所示，站内布置如图 8-4 所示，车间建筑物整体高度不低于 13m，以满足卸车和检修空间要求。污泥站主要包括湿泥接收储存车间（设备均下沉式布置）、污泥卸料大厅、污泥干化车间、控制室与电气间、冷凝污水箱、蒸气疏水箱、负压通风系统、循环冷却水系统、干污泥输送系统、干污泥储仓及卸料系统等，其布置可以依据设备尺寸和现有场地情况在详细设计时进一步优化。湿污泥运输车进厂路线可按渣车进出厂路线行驶，送至污泥卸料大厅，干污泥则从污泥卸料大厅送至约 200m 处的干污泥上料点。

图 8-3　污泥站选址（18m×48m）

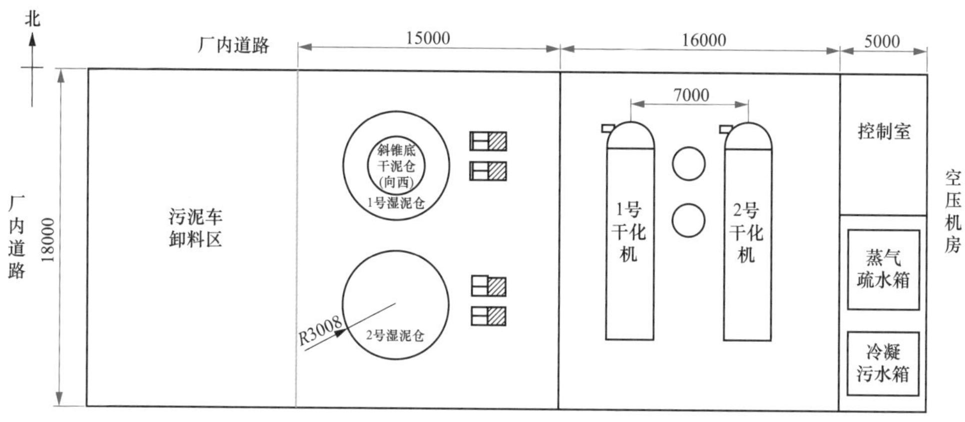

图 8-4　污泥站布置（mm）

湿污泥储存及上料系统，受区域面积限制，废气引风机可布置于污泥站室外南侧。湿污泥卸料区上方设置运输车水喷淋装置，卸车后用于冲洗运输车残留污泥，保证清洁运输，污水收集进入冷凝污水箱。

在干化车间屋顶的每台干化机上方设置1台电动葫芦，供检修使用，可满足3t以下设备管道零部件的吊装检修。另外考虑到干化机圆盘大修需要，干化车间地面至门外路面均应做好地面硬化与留有必要的高度空间。

8.3.2 污泥接收储存系统

1. 污泥储存料仓

该工程根据300t/天湿污泥的处理要求，一次性设置建成2座污泥接收储料仓，存储能力不超过24h，单座容积宜为80m^3，底面直径6.0m、高2.9m的圆柱体料仓。单仓配置一套液压系统，供滑架与污泥输送泵使用。由于储存仓的工艺特点，为尽量减少占地面积，有效利用高度空间，于是污泥存储料仓宜为圆形平底仓。污水处理厂出来的脱水污泥由汽车密闭转运至电厂，倾倒至地下式的污泥储存料仓，接收暂存。仓体上方配设密封门用于防止异味逸出，并采用微负压设计，负压抽风收集后的污泥臭气集中送锅炉焚烧。整个系统为一个稳压排风系统，稳压排风系统的最大抽风量按照总强制排风的20%设计，车间整体处于微负压状态。采用重力卸料高架形式，仓体可采用分体焊接拼装方法加工，仓体内部无任何筋板结构，保证污泥卸料顺畅。仓体与钢结构支腿之间可通过高强度螺旋连接，保证强度。支腿通过预埋锚杆配合二次混凝土浇注方式，安装于基础之上。详细设计时可根据场地做优化设计。污泥料仓应为成套组合装置，并须配备钢结构架（含检修平台、走道、封闭和栏杆）。破拱滑架装置、螺旋卸料机，液压动力站和控制系统等安全可靠和有效运行所必需的附件。破拱滑架装置安装于储仓仓底，破拱滑架在液压驱动下，在仓底往复运动。基于滑架本身结构特点，达到防止架桥的作用，并最终将污泥输送至垂直于滑架运动方向，安装于仓底的旋输送机。电动单轴螺旋输送机以垂直于破拱滑架工作方向，通过法兰连接于仓底，一直保持运转状态。电动单轴卸料螺旋，采用单轴螺旋的结构。电动机与减速机直连。为配合螺杆泵，螺旋采用变频控制。

水平安装于湿污泥储仓底部的破拱滑架，采用有限元方法设计，受力均匀，强度合理。滑架剖面外围为楔形结构，内侧为立面结构。在滑架往复运动的过程中，楔形结构会将污泥铲起，立面结构会有效地将污泥推入卸料设备中。破拱滑架于仓底的往复运动，能够有效防止污泥在卸料口附件产生架桥现象，且破拱滑架工作面涵盖整个仓底，加之本身结构特点，保证仓底无死角。通过破拱滑架结构的调整，能够有效配置滑架的推泥或拉泥的位置，以便配合仓底卸料螺旋的开口位置，进而有效配合现场输送设备的布置。

湿污泥储仓的滑架由液压驱动，每座储存仓配一个液压站。液压站配备必要的油泵、油箱、油滤、空滤、压力指示仪表、温度指示仪表、滤芯工作状态指示仪表等主要部件，同时通过压力监控和过压保护装置，有效保证液压站安全可靠运行。

湿污泥储仓内应各安装在线超声波料位计和阻旋式料位计。超声波料位计在线监测污泥料位，并通过液压站控制柜的操作面板，在线显示料位高度。超声波料位计采用 4～20mA 信号输出，设置有超低、低位、高位和超高位 4 个报警点，并与前后相关设备联动。仓顶还设置臭气抽排口、连接排风管道及小型离心风机，排气送入不凝气输送管道，一并进入锅炉燃烧。仓顶设置甲烷浓度检测器，实现自动报警、智能通风。仓顶设置进泥口及直径大于 700mm 的检修口，料仓侧壁较低位置设置直径大于 900mm 侧壁检修门。污泥料仓的维护可按《城镇污水处理厂运行、维护及安全技术规程》（CJJ60）执行。

2. 湿污泥输送

湿污泥的输送系统依据污泥水力特性，可采用管道输送、螺旋输送、皮带输送、链板输送、汽车、火车或船运等，不同污泥含水率污泥的物理状态和流动性如表 8-2 所示，污泥输送可借鉴污水处理厂成熟的输送方式，脱水污泥的常用输送方式如表 8-3 所示。汽车送至厂区储存料仓的 80％的污泥可采用管道输送，根据含水率选择无缝钢管或超低摩擦阻力阻耐磨复合管。

表 8-2　不同污泥含水率污泥的物理状态和流动性

序号	含水率（％）	物理状态	流动性
1	＞99	近似液态	基本与污水一致
2	99～94	近似液态	接近污水
3	94～90	近似液态	流动性较差
4	80～90	粥状	流动性差
5	70～80	柔软状	无流动性
6	60～70	近似固态	无流动性
7	50～60	黏土状	无流动性

表 8-3　污水处理厂脱水污泥的常用输送方式

方式	适用范围	输送方式	造价	占地面积
皮带输送机	最宜用于短距离水平直线输送，不宜升高、转弯	未密闭	20m 以内水平直线输送时最低	较小
无轴螺旋输送机	最宜用于 20m 以内水平直线输送，不宜升高、转弯	未密闭	20m 以内水平直线输送时最低	较小
单螺杆泵	适用于水平小于或等于 500m，升高小于或等于 50m 以下工况	密闭	超 20m 并没有转弯、升高要求时，低于无轴螺旋输送机	小
液压柱塞泵	适用于长距离或升高工况	密闭	较前三者高	大

根据上述比较，该项目选用螺杆泵。若选给煤出口机落煤点，其作用一：将湿污泥储存仓内的污泥输送至给煤机落出料口；作用二：将湿污泥送到干燥机中，每座湿污泥储存仓配 2 台污泥输送泵和配备 1 套液压系统，共 4 台污泥泵，3 用 1 备。每台柱塞泵均能向 2 台干化机输送污泥（另 1 台干化机远期安装）。同时，每台干化机可以接收来自两

座储存仓的湿污泥。这种方式既实现了污泥泵的备用，也实现了仓的备用。表8-4为湿污泥泵送方式的对比分析。

表8-4　湿污泥泵送方式比较

项目	螺杆泵	柱塞泵
原理类型	容积泵的一种	容积泵的一种
输送方式	密闭	密闭
泵结构	结构简单、一次性投资低	结构紧凑、价格高
输出压力	中低压环境，出口压力小于8MPa	中高压环境，出口压力一般在8～32MPa
输送距离	水平输送污泥送距离小于或等于500m；垂直临界高度为50m	输送距离小于或等于1000m；适用于长距离或升高工况
优点	可泵送高黏度、流动性差的介质。对介质无剪切、无搅动，没有湍流脉动现象，泵送平稳，振动小，噪声低	流量大、操作压力高；对介质的挤压剪切很小，广泛应用于高压、大流量、高含固率、杂物较多物料输送场合；杂物容忍度大（可以输送外径不超过管道直径1/2的杂物）
特点	维修成本较高；定子和转子极易磨损，通常每2个月到半年更换1次；污泥含水率适应范围小；在高黏度情况下，泵工作效率会大幅降低，运行能耗提高	运行费用高；维护成本高；对环境噪声没有太高要求时可选用
给煤机出口接入点（标高约20m）	扬程满足要求，可选小流量泵，连续注入；泵占地约2000mm×400mm，预留检修空间1倍泵身长度	扬程满足要求，可选小流量泵，连续注入；泵占地约3000mm×1200mm，预留检修空间1倍泵身长度
8号输煤皮带接入点（标高约45m）	扬程余量有限，受上煤时段限制，必须选可选中流量型如18m^3/h，间断注入；泵占地约2000mm×400mm	扬程满足要求，受上煤时段限制，必须选可选中流量型如18m^3/h，间断注入

另外，湿污泥直接掺烧系统可能长期备用，考虑设置水冲洗的防堵措施。由于污泥黏性较大容易造成管道堵塞，必须保证输送管道的通畅，并避免管线长度超过设计要求而造成阻力过大，造成无法输送污泥。因此，在湿泥管出料口附近，设置高压水冲洗回流，选配自动冲洗装置，长期停运时可将管内湿污泥冲回湿污泥仓；回流管接口至污泥出口段少量污泥，则由瞬时少量高压水直接冲洗进入磨煤机，从而保证长期停运时整个污泥输送管道的通畅。污泥管道输送设计时还应注意：

(1) 管道选线以最短距离最少弯头为原则。

(2) 管道尽量平直，转弯时宜采用45°弯头，转弯半径不低于5倍直径。

(3) 管道考虑疏通、清洗及排气。

(4) 与污泥泵连接段应预留设备检修空间，必要时设置高压伸缩节连接阀件。

(5) 依据污泥的黏度进行管道损失计算。

3. 污泥站防臭除臭措施

污泥站主要臭气来自卸料大厅、污泥接收储存车间及污泥干化车间等。为改善厂房内的空气质量，应重点考虑臭气的影响。所有输送机械须采用密封抽负压防臭设计，臭气收集管道应注意防腐采用不锈钢304以上材质，分别设置两条臭气收集管道，采取定点负压和整体微负压相结合方式。对整个生产车间区域无组织排放的臭气采取整体负压方式收集，在各输送设备和干泥仓上开孔安装吸风罩将工艺臭气定点收集。收集后的臭气分别经废气引风机送至两台机组的每台送风机入口。

由于工艺臭气经冷凝后湿度可能仍然较高，在进入送风机之前，须设置除湿装置经过再次除湿后（疏水送回冷凝污水箱）方可进入送风机，以防止水滴对送风机安全运行造成负面影响。

在卸料大厅可加装自动喷淋除臭雾化系统喷洒除臭剂，对恶臭气体可起到良好控制作用。该药剂应选用天然植物提取液，不含有毒有害物质，对环境安全，无农药残留物及化学合成品，可复合有益微生物，增强天然植物、有益微生物及其代谢产物本身具有的除臭功能。根据当地气温特点，药剂适应温度在−5～80℃范围内使用，应有显著分解氨、硫化氢、甲基硫醇、三甲胺等有机臭源物质的能力，且药剂不对人体产生毒害和刺激，人体接触后不产生副作用。

8.3.3　污泥热风干化系统

湿污泥热风干化系统主要包含污泥接收储存系统、湿污泥输送系统、臭气收集系统、电气与热控系统等组成。其中湿污泥接收系统、臭气处理系统、热控系统将与污泥干化系统共用。

上料方式可参照某 2×1000MW 机组污泥直掺上料系统进行，如图 8-5 所示。湿污泥

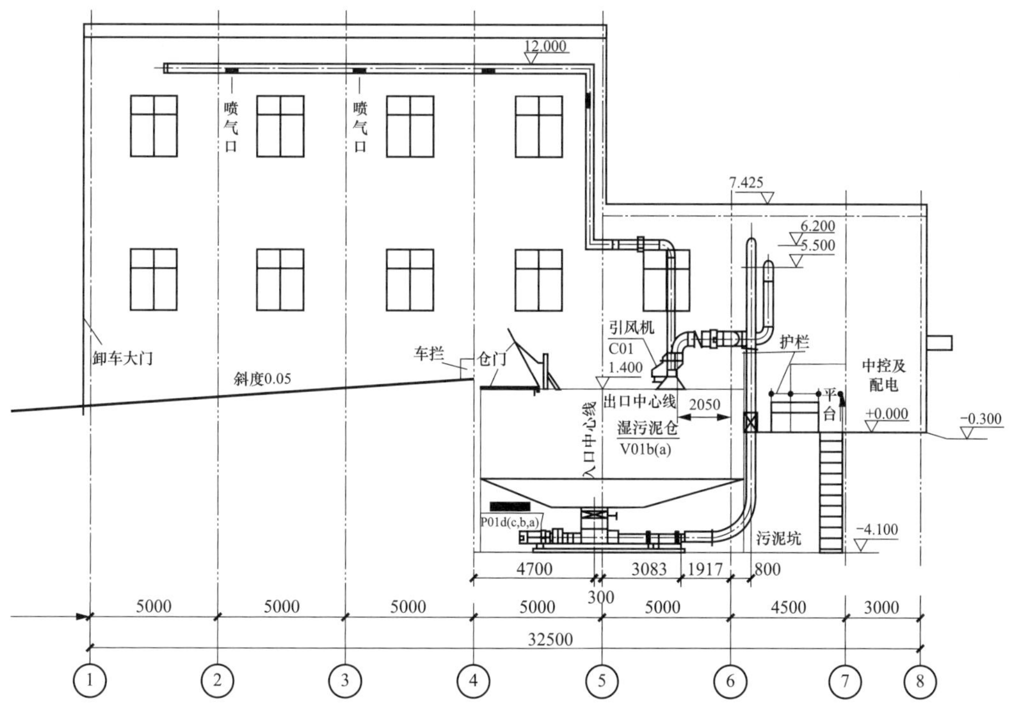

图 8-5　某 2×1000MW 机组污泥直掺上料系统（mm）

泵输送高程从约−4m的封闭湿污泥储存仓（−5m为深基坑）输送至湿污泥掺入点（给煤机标高约20m），考虑到湿污泥物理特性，为了均匀掺混，在污泥出口设置均布器，保证污泥出料的时候均匀性。

为了保证燃烧正常，宜主要选择中上层磨（D、E磨）进行湿污泥掺烧，掺有污泥的磨煤机在掺烧完成后也应保持继续运行一段时间，并合理安排污泥掺烧与磨煤机检修。

根据实施的难易程度和对燃料供应系统的影响确定接入位置：湿污泥采用管道输送，管道安装有电动阀门，根据电厂锅炉磨煤机运行情况或输煤皮带的运行情况进行切换。同时两套污泥储仓系统通过管道和阀门进行连接，实现管道与泵的互为备用。

该工程考虑在给煤机出口处进行湿污泥进料方式，污泥输送泵的出力要求相对较低，磨煤机开孔位置及远端锅炉污泥输送管走向可从蒸汽管道上方支吊架之间穿过或顺着汽轮机房B柱走向送至1号机组磨煤机，如图8-6所示。

图8-6　磨煤机开孔位置及远端1号锅炉污泥输送管走向

8.3.4　污泥蒸汽干化工艺方案

该项目除了公用的湿污泥卸料大厅、接收储存车间，还需设置污泥干化车间、干污泥输送储存系统、不凝尾气处理系统、污水收集系统及消防等部分。工艺流程简述如下：污泥在卸料大厅密闭式卸料，由接收系统接收后，通过湿污泥输送泵输送至污泥干化机干燥，将污泥的含水率由脱水污泥的80%左右降至低于40%的干污泥，然后输送至干污泥仓暂存，作为燃料供发电锅炉焚烧。干化机采用电厂提供的低压蒸汽（安装流量计）作为干燥热源对污泥进行干燥，蒸汽换热后成为冷凝疏水回至电厂除氧器作锅炉给水循环使用。干燥污泥蒸发出的水分和不凝气经尾气冷凝器间接换热后（若用洗涤塔则宜选半边可拆洗型）除水。不凝气和污泥储存、输送、干化过程产生的尾气，以及整个生产车间区域无组织排放的臭气分别收集，经废气引风机分别送至两台锅炉的每台送风机入

口，通过送风机送入炉膛焚烧分解，最终随烟气一起进入烟气系统经脱硝、除尘、脱硫、深度除尘处理后达标排放。冷凝污水进入冷凝污水箱暂存，由污水泵送至水处理系统处理回用或附近污水处理厂处理。

干污泥输送、储存系统（加保温）。干化后污泥通过密闭输送机输送和刮板机提升后，送入干污泥仓。为减少占地，共设置 1 个容积为 30m³ 干污泥仓，布置于 1 号湿污泥储仓上部约标高 4.5m 位置，宜为圆柱体，斜锥形出料口朝向两个湿泥卸料口之间空位，保证干污泥装载不影响湿污泥卸料。干污泥仓底设置出料口可加贴壁刮刀等措施以便于卸料，上部设置料位计、可燃气检测器及氧含量监测装置，及臭气定点收集系统等，监控和保证安全运行。图 8-7 为污泥干化工艺流程图。

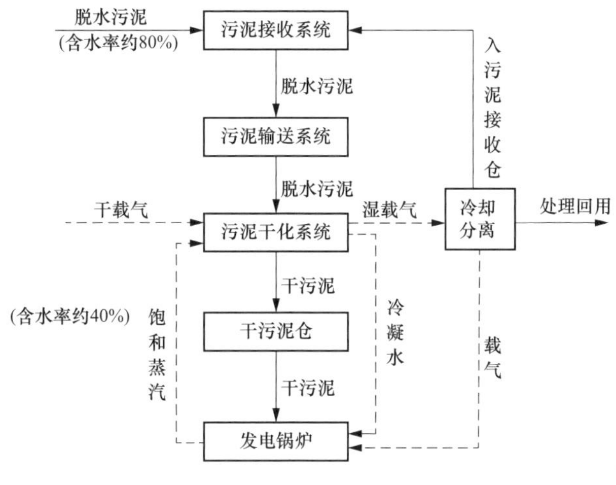

图 8-7　污泥干化工艺流程图

8.3.5　干化机参数选型

该项目选用圆盘式干化机，其主体由一个圆筒形的外壳和一组中心贯穿的转盘组成。蒸汽流过中空的转盘组，把热量通过转盘间接传递给污泥，形成的蒸汽聚集在转盘上方的穹顶里，被少量的通风带出。

干化机处理能力：该期设置 1 台干化机，满足 100t/天处置量需求，单台额定处理能力 4.2t/h。同时预留一台同类型干化机及其配套设备的安装位置和接口，供远期扩建时安装即可投运。干化机内污泥含水率从 80%干化至 35%～40%，温度约 105℃时完成干化，再冷却后经干污泥输送系统送至干污泥储仓暂存。

干化机蒸气热源：如果取自辅助蒸汽联箱，尽管汽耗量不高，但是机组运行过程中机组负荷在变化，辅助蒸汽参数在变化和波动，虽然不会对机组运行产生影响，但对减温减压装置可靠性和稳定性提出了较高要求，且在低负荷期间压力无法满足干化机要求，建议不使用。蒸汽供热管道压力和温度稳定，在靠 2 号汽轮机房外侧的供热母管引出汽源，通过减温减压站，所需达到的蒸汽参数为 0.4～0.6MPa，150～180℃。该方案施工简单，热源参数稳定，建议使用供热母管作为干化机热源。由于蒸汽在管内未被污染，该疏水收集在疏水箱中，通过蒸汽冷凝水泵，送入化学除盐水箱进行利用。

8.4 污泥干化臭气处理

8.4.1 污泥干化废气除臭系统总体工艺流程

在污泥干化处理过程中，污泥中的有机成分会和水分一起蒸发，从而产生大量高浓度恶臭废气，这些废气具有粉尘颗粒小、含湿率高和温度在100℃以上的特性，其主要物质包括 H_2S 和 NH_3，此外还包含多种芳香族化合物、卤代烃、含硫化合物、含氧化合物等恶臭气体。目前，污泥干化过程的恶臭废气治理所采用主要治理技术有：焚烧技术、等离子处理技术、活性炭吸附技术等。其中焚烧技术主要是利用燃料释放出的热量将恶臭废气加热到一定温度，使有害可燃物燃烧降解，以达到去除废气中有害物质的目的。

该系统中废气源主要包括：污泥干化过程中产生的不凝气和污泥储存、输送、干化过程产生的尾气，以及整个生产车间区域无组织排放的臭气。废气的收集采取定点负压和整体负压相结合的设置方式，分别设置两条臭气收集管道，其中干化过程产生的尾气经过进一步除尘、冷凝（疏水送回冷凝污水箱）与另一条臭气收集管道分别通过两台废气引风机（两备两用）送至电厂一期锅炉的4台送风机入口。通过在机组大炉膛内充分燃烧降解，最后协同烟气进入超低排放环保设施处理后达标排放。

整个废气除臭系统采用微负压设计，负压抽风收集的污泥臭气后经废气引风机分别送至电厂一期锅炉的4台送风机入口送锅炉焚烧，风管保有100%的裕量，当电厂一台机组停役时，仍能保障废气全部随另一机组送风机排出。

该项目污泥干化废气除臭工艺流程布置图如图8-8所示。

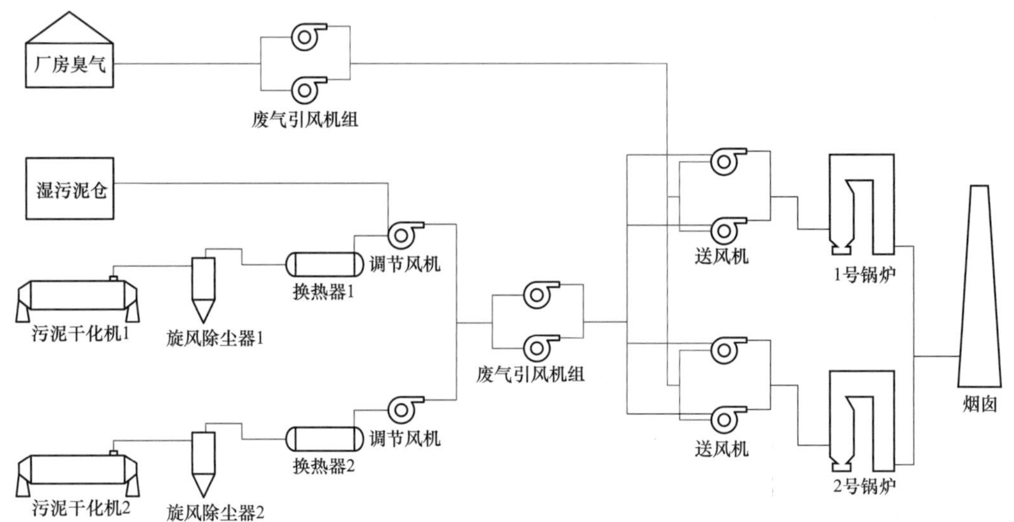

图8-8 污泥干化废气除臭工艺流程布置图

该废气除臭系统目的是提供一种设计合理，把臭气集中后接到发电焚烧炉中进行焚烧的污泥干化车间的负压除臭系统，无须兴建如填充塔、生物滤池等其他构筑物或复杂设备，简化工艺，降低了建设成本与运营成本同时保证高处理效果。

本系统有益效果：可以按现场布局来充分利用现有的设备与构筑物，大大降低基建成本，结构简单，整个系统易操作，处理效果好，维护成本低。

8.4.2　污泥干化尾气处理工艺

湿污泥从湿污泥仓通过双螺旋输料机送至螺杆泵（或柱塞泵）入口，再用泵送至圆盘干燥机，在干燥机内部湿污泥与高温饱和蒸汽发生间接换热，从而产生大量尾气（细粉尘颗粒、水蒸气和不凝气体）。尾气温度在 100～110℃左右，细粉尘颗粒浓度在 60mg/m^3 左右。

尾气从干燥机末端上方的尾气管排出，首先进入旋风除尘器除去尾气中 80%粉尘（颗粒大于 5μm）后，进入间接冷凝系统，冷凝出尾气中的水汽并除雾后，最终产生的不凝尾气，其温度降至 50℃以下，而该部分废气是整个系统中的主要臭气来源，其通过废气引风机送至送风机入口，作为锅炉一次风进入炉膛燃烧高温降解，最终协同烟气进入超低排放环保设施处理后达标排放。

湿污泥处理的整套储存、输送、干化等一系列设备衔接，整个系统前段到末端都采用全密封设计，不存在臭气释放点。同时整个污泥干化系统通过废气系统保证微负压状态，防止系统臭气泄漏。

8.4.3　生产车间区域无组织排放臭气处理工艺

该系统特征在于在产生臭气的车间上方区域布置引风管道并开若干风口，在风口后设有引风机，臭气通过引风管道至锅炉送风机入口再至锅炉炉膛，锅炉尾部设有脱硫、除尘装置。利用引风机吸风，在风口位置形成低压区，使臭气从高压区跑向低压区，通过引风管道引向锅炉中焚烧，臭气引入锅炉炉膛后在 850～950℃的范围内燃烧，转化为二氧化硫的部分气体，经过锅炉尾部脱硫、除尘后达标排放。

吸风口的数量按各车间产生的臭气量设定，如湿/干污泥储仓、湿污泥卸车、装车时产生的臭气较多，这些区域的吸风口较多，在这些臭气多产生区域的引风管道也按臭气量增大管径。该方法收集后的臭气在锅炉炉膛燃烧，既可以利用燃烧产生的热量用于发电，又能消除臭味对员工的伤害以及对环境的污染。

1. 换气量的计算

车间除臭全面排风的换气次数和通风要求如下：卸料车间及装料车间换气次数 3～6 次/小时，除臭排风，自然补风；其他工作车间换气次数 3 次/小时，除臭排风，自然补风。

按计算确定末端除臭处理规模，除臭排风机风量、风压均考虑不小于 10%～15%的余量，送风机风量宜为排风量的 60%～80%，风机均选择变频风机。

2. 通风管道及车间排风要求

通风管道一般采用不锈钢 304L 或难燃 B1 级以上 FRP 风管，管道壁厚不低于 2mm，管道设计按《工业建筑供暖通风与空气调节设计规范》（GB 50019—2015）要求，风管、管配件、管部件满足《通风与空调工程施工质量验收规范》（GB 50243—2016）要求。

车间采用自然进风、机械排风，自然进风口设有单流动风向的百叶窗，防止车间内的气体外溢。

8.4.4 湿污泥储仓臭气处理工艺

在污泥卸车装车点设置定点抽负压系统，当装车卸料时开启系统避免臭气外泄，同时湿污泥仓保持微负压状态防止臭气逃逸。

湿污泥仓顶设置除臭管道，滑架料仓整体系统，从料仓开启门进料端直到管道末端，全封闭设计，不存在臭气释放点。对于整套系统除臭的话，主要针对污泥卸车的时，仓门敞开，仓内会有臭气散发，对此情况，在仓顶设置排臭孔，通过管道与除臭系连接(及除臭管道)，利用废气风机引风系统，仓内形成微负压状态，臭气从管道被排出，然后随其他废气进入炉膛燃烧，最终被处理达标排放。

8.4.5 除臭系统性能保障措施

（1）所述的污泥干化车间设有湿污泥储仓、干化处理区、废气冷凝区、干污泥仓、办公房等区域，产生臭气的主要区域在湿/干污泥储仓、污泥干化处理区、污泥输送过程，在这些区域的上方布置引风机吸风口。

（2）为保证污泥干化尾气除臭系统运行寿命，对风管、风机及阀门等设备材质有一定要求，保证其具有防腐蚀、防磨损能力。其中废气风管一般采用不锈钢 304L 或难燃 B1 级以上 FRP 风管，管道壁厚不低于 2mm，管道设计按《工业建筑供暖通风与空气调节设计规范》（GB 50019—2015）要求，风管、管配件、管部件满足《通风与空调工程施工质量验收规范》（GB 50243—2016）要求。

（3）所述的车间采用自然进风，引风机为增压式引风机，引风管道与若干台锅炉的送风机都相联，引风管道与若干处送风机处分别设有电动隔断门和手动隔断门。车间采用自然进风、机械排风，自然进风口设有单流动风向的百叶窗，防止车间内的气体外溢。各车间吸臭气的引风管道最后合为一起，吸臭气引风管道与多台锅炉的送风机均相联并通过风门电动调节器进行任意切换，在一台或多台锅炉检修时仍能保证将臭气引入运行的燃烧锅炉进行焚烧。

（4）所述的引风机电动机设有变频器。引风机根据车间、引风管道气压进行调节风量、风压，把臭气引至送风机入口处呈微正压状态，微正压状态保证了引风管道内的臭气不回流。

（5）所述的干化车间、引风管道内分别设有若干处的风量、风压显示仪表。该系统采用多点检测、数据采集的方式，对车间引风管道内的臭气量、气压等数据进行收集整理，由计算机系统对各电器装置做出输出功率、开口等数值大小的选择。

(6) 所述的引风机变频器、风门电动调节器、送风机入口的电子控制及各检测点相关参数的检测数据均接入污泥干化系统中 DCS 系统。DCS 系统是计算机技术、系统控制技术、网络通信技术和多媒体技术相结合的综合性系统，可提供窗口友好的人机界面和强大的通信功能，是完成过程控制、过程管理的设备。

8.5 本 章 小 结

本章介绍了某电厂污泥干化系统改造情况，主要结论如下：

(1) 项目新建两个系统，一个是干化污泥储存上料一体化系统，另外一个是湿污泥干化系统，两个系统分开建设。由于广州市污水厂污泥出厂已经是含水率 30%～40%的干化污泥，只需要在电厂内合适位置建设一座污泥存储上料一体化系统，将干化污泥输送至电厂输煤系统，最终送至锅炉掺烧，原有的圆形煤场上煤系统作为污泥掺烧备用系统。

(2) 南沙区送到电厂的是 80%含水率污泥，电厂新建一套污泥干化系统，设计湿污泥处理出力为 300t/天，通过圆盘式蒸汽干化机，将含水率 80%的污泥干化至含水率 35%～40%，干化后污泥输送到干化污泥储存上料系统。

(3) 污泥掺烧设施设计日处理能力为 600t（干化污泥 300t/天，湿污泥干化 300t/天），污泥掺烧输送系统与输煤系统联锁，系统按日运行时间 12h 设计，设计出力与输煤系统匹配，污泥掺配比例不大于 10%。

(4) 整个废气除臭系统采用微负压设计，负压抽风收集的污泥臭气后经废气引风机分别送至电厂一期锅炉的 4 台送风机入口送锅炉焚烧，风管保有 100%的裕量，当电厂一台机组停役时，仍能保障废气全部随另一机组送风机排出。

参 考 文 献

[1] 张一帆，张守玉，岿青，等. 城市污泥焚烧过程中 Pb、Cd 的迁移特性 [J]. 热能动力工程，2018，33 (10)：140-146.

[2] 蒋志坚，曾小强，陈晓平，等. 城市污泥流化床焚烧炉飞灰中重金属迁移特性 [J]. 热能动力工程，2016，29 (3)：8-10，32.

[3] 闻哲，王波，冯荣，等. 城镇污泥干化焚烧处置技术与工艺简介 [J]. 热能动力工程，2016，31 (9)：1-8.

[4] 曹通，殷立宝，方立军，等. 煤粉锅炉协同处置工业污泥现场试验 [J]. 热力发电，2016，45 (2)：86-90.

[5] 曹通，殷立宝，方立军. 热电厂协同处置污泥应用实例 [J]. 广东电力，2015，28 (11)：1-5.

[6] 殷立宝，徐齐胜，胡志锋，等. 四角切圆燃煤锅炉掺烧印染污泥燃烧与 NO_x 排放特性的数值模拟 [J]. 动力工程学报，2015，35 (3)：178-184.

[7] 朱天宇，殷立宝，张成，等. 掺烧不同种类污泥锅炉的燃烧特性 [J]. 热力发电，2015，44 (6)：1-9.

[8] 张成，朱天宇，殷立宝，等. 100MW 燃煤锅炉污泥掺烧试验与数值模拟 [J]. 燃烧科学与技术，2015，21 (2)：114-123.

[9] 袁言言，黄瑛，张冬，等. 污泥焚烧能量利用与污染物排放特性研究 [J]. 动力工程学报，2016，36 (11)：934-940.

[10] 盛洪产，何国宾，金孝祥，等. 循环流化床燃煤锅炉掺烧造纸污泥的运行特性分析 [J]. 动力工程学报，2013，33 (5)：340-345.

[11] 葛江，郭义杰，吴浪，等. 烟煤与污泥混烧过程中重金属 As、Zn 和 Cr 的迁移规律和灰渣的浸出特性 [J]. 广东电力，2017，30 (4)：37-42.

[12] 刘蕴芳，腾建标，苏耀明，等. 煤粉炉掺烧干化污泥的污染物排放研究 [J]. 环境工程学报，2014，8 (11)：4969-4976.

[13] 魏砾宏，马婷婷，杨天华，等. 污泥/煤混烧灰的结渣特性及矿物质转变规律 [J]. 中国电机工程学报，2015，35 (18)：4697-4702.

[14] 李峰，龚文斌. 塔式锅炉掺烧含水率 60%污泥耦合发电技术试验研究 [J]. 锅炉技术，2019，50 (5)：31-36.

［15］ 陈大元，王志超，李宇航，等．燃煤机组耦合污泥发电技术［J］．热力发电，2019，48（4）：15-20.
［16］ 方立军，李畅，殷立宝．城市污泥燃烧特性的热重实验研究［J］．电站系统工程，2014，30（4）：7-10.
［17］ 陈翀．300MW燃煤锅炉协同处置干化污泥的试验研究［J］．能源工程，2014，3：62-66.
［18］ 吴浪，李畅．掺烧污泥对电厂锅炉的影响［J］．锅炉制造，2014，9：14-17.
［19］ 刘永付，王飞，吴奇，等．大型燃煤电站锅炉协同处置污泥的试验研究［J］．能源工程，2013（6）：64-69.
［20］ 余维佳，陈衍婷，徐玲玲，等．电厂污泥掺烧过程中元素迁移特性研究［J］．生态环境学报，2017，26（1）：149-153.
［21］ 刘蕴芳，滕建标，苏耀明，等．煤粉炉掺烧干化污泥的污染物排放研究［J］．环境工程学报，2014，8（11）：4969-4976.
［22］ 刘政艳，郑新梅，章严韬．燃煤电厂掺烧市政污泥工程大气污染分析［J］．环境影响评价，2017，39（6）：34-38.
［23］ 马鸿良．燃煤锅炉机组掺烧城市污泥的工艺技术［J］．资源节约与环保，2015，8：19-24.
［24］ 符成龙，沙丰，宋婕，等．燃煤电厂污泥掺烧技术的应用与设计探讨［J］．能源与环境，2020，6：46-48.
［25］ 曾成才．烟煤掺烧污泥燃烧特性实验研究及分析［D］．华南理工大学，2014.
［26］ 陈月庆．热电厂污泥焚烧炉燃烧优化研究及实例分析［D］．合肥工业大学，2010.
［27］ 胡延年．煤质和煤种的变化对输煤系统的影响［J］．华东电力，2006，34（5）：86-88.
［28］ 王丹．煤与污泥的混燃特性研究［D］．华中科技大学，2011.
［29］ 丘永琪．生活污泥及工业污泥与煤混烧动力学特性实验研究［D］．华中科技大学，2016.
［30］ 曾成才．烟煤掺烧污泥燃烧特性实验研究及分析［D］．华南理工大学，2014.
［31］ 林先杏．气力输灰系统应用及问题分析［J］．华中电力，2002，15（3）：52-53.
［32］ 唐盛轩，王智，贺云飞，等．燃煤灰渣性质的变化及其对混凝土的影响［J］．新型建筑材料，2018，2：103-106，132.
［33］ 王少波，贾廷纲，缪幸福，等．污泥焚烧底灰的理化性质及再利用技术［J］．净水技术，2014，2：71-75.
［34］ 戴睿，胡晨阳，范志凡，等．掺污泥灰混凝土强度特性研究［J］．粉煤灰，2016，28（5）：10-11.
［35］ 吴长春，吴志根．市政污泥流动输运特性的研究近展［C］．中国环境科学学会学术年会，2015.
［36］ 饶宾期，施阁，曹黎．脱水污泥储存输送系统的优化设计［J］．化工自动化及仪表，2013，40（9）：1137-1139.
［37］ 宣建岚，杨明远，欧如清，等．污泥干化焚烧输送系统的优化改造研究［J］．环境科学与管理，2015，40（4）：20-22.
［38］ 吴越，时剑，童红．应用循环流化床锅炉掺烧城市污泥的技术研究［J］．环境保护科学，2009，35（5）：35-37.
［39］ 万伟泳．城市污水处理厂脱水污泥的焚烧处置［J］．中国给水排水，2006，22（18）：68-71.

[40] 刘志超. 工业污泥干化与煤粉掺烧协同利用生命周期评价 [D]. 华南理工大学，2015.

[41] 王峰. 城镇污泥热干化及椮烧特性的试验研究 [D]. 浙江工业大学，2015.

[42] 屈会格. 污泥与煤粉混合物的燃烧特性与污染物生成规律的实验研究 [D]. 浙江大学，2013.

[43] 李波. 城市生活污泥干化处理及与煤掺烧实验研究 [D]. 合肥工业大学，2013.

[44] 邱天，张衍国，吴占松. 城市污水污泥燃烧特性试验研究 [J]. 热力发电，2003，32 (3)：20-22+29+21.

[45] 邓文义，严建华，李晓东，等. 造纸污泥干化及焚烧系统污染物排放特性 [J]. 燃烧科学与技术，2008，14 (6)：545-550.

[46] 魏砾宏，马婷婷，杨天华，等. 污泥 _ 煤混烧灰的结渣特性及矿物质转变规律 [J]. 中国电机工程学报，2015，35 (18)：4697-4702.

[47] 唐子君，岑超平，方平. 城市污水污泥与煤混烧的热重试验研究 [J]. 动力工程学报，2012，32 (11)：878-884.

[48] 李勇辉，王群英，赵晓明，等. 火电厂协同资源化处理城市污泥二次污染控制 [J]. 环境工程学报，2017，11 (11)：6098-6102.

[49] 李德波，李方勇，许凯，等. 四角切圆锅炉变 CCOFA 与 SOFA 配比下燃烧特性数值模拟 [J]. 广东电力，2016，29 (1)：1-7，16.

[50] 李德波，孙超凡，冯永新，等. 300MW 循环流化床气固流动及燃烧过程数值模拟研究及工程应用 [J]. 广东电力，2018，31 (7)：56-65.

[51] 袁宏伟，李德波，蔡永江. 新型醇基燃料燃烧器设计及其燃烧特性数值模拟 [J]. 广东电力，2017，30 (3)：7-10.

[52] 李德波，曾庭华，廖永进，等. 广东省首台超洁净排放燃煤机组现场测试分析 [J]. 广东电力，2016，29 (4)：16-21.

[53] 吴俊锋，何卿，谢飞，等. 太湖重污染湖区底泥内源释放量计算研究 [J]. 环境科技，2011，24 (1)：45-52.